U0264251

泄漏可燃物点火概率
计算指南

Guidelines for Determining the Probability of Ignition of a Released Flammable Mass

〔美〕Center for Chemical Process Safety **编著**

安佰芳　江琦良　朱海奇　陈　杰　译

袁小军　校核

中国石化出版社

内 容 提 要

本书通过探讨点火源、最小点火能、闪点、自燃点、燃烧极限等燃烧相关因素，以及物质泄漏至外部环境的燃烧发生过程，如释放速度、压力、温度、持续时间及周边的环境等，对影响点火概率的因素进行了总结，并分别对立即点火概率和延迟点火概率给出了三个级别的点火概率分析方法。

本书还列举了多个案例及大量的点燃相关文献资料，在书中均进行了汇总和展示。可为风险分析人员和管理者提升流程工业及相关行业的流程安全管理和定量风险分析提供有力的帮助。

著作权合同登记　图字：01-2018-8866 号

Guidelines for Determining the Probability of Ignition of a Released Flammable Mass
By Center for Chemical Process Safety (CCPS), ISBN: 978-1-118-23053-4
Copyright© 2014 by American Institute of Chemical Engineers, Inc.
All Rights Reserved. This translation published under license. Authorized translation from the English language edition, Published by John Wiley & Sons. No part of this book may be reproduced in any form without the written permission of the original copyrights holder.

　　本书中文简体中文字版专有翻译出版权由 John Wiley & Sons, Inc.公司授予中国石化出版社。未经许可,不得以任何手段和形式复制或抄袭本书内容。

图书在版编目(CIP)数据

泄漏可燃物点火概率计算指南/美国化工过程安全中心编著;安佰芳等译.—北京:中国石化出版社,2021.4
书名原文:Guidelines for Determining the Probability of Ignition of a Released Flammable Mass
ISBN 978-7-5114-6085-1

Ⅰ.①泄… Ⅱ.①美… ②安… Ⅲ.①化工过程-泄漏-易燃物品-燃烧率-计算-指南 Ⅳ.①TQ038-62

中国版本图书馆 CIP 数据核字(2021)第 055992 号

未经本社书面授权,本书任何部分不得被复制、抄袭,或者以任何形式或任何方式传播。版权所有,侵权必究。

中国石化出版社出版发行
地址:北京市东城区安定门外大街 58 号
邮编:100011　电话:(010)57512500
发行部电话:(010)57512575
http://www.sinopec-press.com
E-mail:press@sinopec.com
北京富泰印刷有限责任公司印刷
全国各地新华书店经销
＊
710×1000 毫米 16 开本 12.75 印张 231 千字
2021 年 6 月第 1 版　2021 年 6 月第 1 次印刷
定价:86.00 元

　　衷心希望本书中提供的信息能够为整个行业创造更佳的安全纪录。但是，美国化学工程师学会(AIChE)及其顾问、CCPS 技术指导委员会和点火概率小组委员会成员、其雇主、其雇主的管理人员和董事以及贝克工程与风险顾问公司(BakerRisk)及其员工、管理人员和董事既不保证也不明示或暗示表示本书中所包含信息的正确性或准确性。在(1)AIChE及其顾问，CCPS 技术指导委员会和小组委员会成员、其雇员、其雇主官员和董事以及 BakerRisk 及其雇员、官员和董事之间；以及(2)本书的用户之间，用户将自行承担其因使用或误用本书而产生的任何和所有法律责任和义务。

译者的话

随着过程安全管理理念的广泛理解和应用，人们希望更深入地了解火灾、爆炸和中毒等事故造成的风险，进而更好地管理生产、存储等设施的运行，将风险降低至 ALARP 范围内。因此无论是企业管理者、操作者、工程公司和设计院，还是企业周边的社会团体，对定量风险分析的要求日益迫切。

而真正执行好定量风险分析，需要合理、精确的数据作为分析的支撑。其中，点火概率就是其中非常重要的输入之一。本书给出了泄漏至外部环境的易燃气体及液体的点火概率评估方法，对如何确定立即点火概率和延迟点火概率做出了很好的解释和指导，同时也给出了案例以阐述分析过程，希望可以为广大的定量风险分析人员提供良好的支持。

书中虽然提到了分析软件，但对于没有软件的分析人员，可以同样参考书中所阐述的方法完成分析。

参与本书翻译工作的还有北京风控工程技术股份有限公司杨剑虹、周远、段亚茹、孔令仪、梁琦、何梦圆等。他们牺牲了自己的业余时间，致力于本书的翻译和校核工作，在此对他们表示诚挚的感谢！

由于时间有限，文中存在的错误之处请多多包涵，恳请读者批评指正。

目　　录

V

插图清单

表格清单

前　言

在进行风险评估时，涉及两个变量：事件发生的概率以及事件发生的后果，包括该事件后果发生的逻辑和预期结果。对于非计划事件，这两个变量是相互独立的。在这两者中，更多的开发和调查时间花在了确定后果上。有多种方法可以合理地预测化学物质释放、火灾和/或爆炸对周围生产设备、人员、环境等的影响。此类技术已经得到很好的发展，并在有新的可用信息时得到加强。因此，后果评估不在本书的范围之内。

本书的重点是关注更难以客观量化或用实验获得的概率。在美国化工过程安全中心（CCPS）会员公司的帮助下，本书由一位定向工读生起草，一位专业图书馆员协助，并由来自 CCPS 会员公司的志愿者组成的小组委员会进行补充。

经过大约两年的研究和文件审查，小组委员会一致认为，有足够的信息和技术可用于编写一本书，以处理和合理估算与释放可燃物点火概率有关的风险方程。作为本书的一部分，可用的技术方法可以被编译、编纂和开发成现实世界中可用的工具。CCPS 成员批准了写一本关于这个主题的书的提议，并成立了一个图书小组委员会。

用于编写本书和开发计算工具的信息来自以前的研究，这些信息是非私有的，并且常用于公开领域。CCPS 小组委员会汇编、编纂、澄清，并在某些情况下进一步拓展信息和数据，以开发书中的算法和相关的计算工具。当输入适当的数据至该工具时，该工具可以估算出暴露于点火源的特定可燃物质释放的点火概率。在合理范围内，这一工具可以向用户提供在风险评估中使用的比以往具有更高可信度的信息。

本书和计算工具已经被开发出来，用户可以使用任何他们认为合适的方法来估计释放的可燃物质达到点火源的概率。然后，该估算与根据本书中的方法和相关计算"工具"确定的点火概率相结合，以确定释放物总点火概率。

团队一致认为计算工具所得的结果应该保守，特别是当数据不足和/或已知数据超过了以前审查的数值时。该团队认为，相比于依赖未经证实的或专有数据，以及针对特殊用途而设计的方法，评估出更高的点火概率要更安全、更负责任。由于委员会认识到，"保守"可能会导致其他问题，例如，同时具有易燃和毒性特性的化学品，预测高点火概率会降低其产生中毒后果的可能性，因此结果趋于保守的意愿有所缓和。此外，研究小组还认识到，一些公司可能拥有专有数据或比公开数据更详细的数据，因此可以合理地对可燃物质暴露于点火源时的点火概率做出不同的估计。用户通读本书以了解本书和计算工具的范围和局限性至关重要。当计算工具超出其计算能力时，该计算工具中会填充弹出警告"标志"，以警告用户(如我们现在所知)。但是，目前尚没有识别出所有的该类状况。

读者应注意，这里介绍的方法仅适用于过程安全事件、概率和后果彼此独立的非计划性事件。这些方法不能用于评估与蓄意破坏或恐怖主义等故意行为有关的风险。在这种情况下，概率和后果是相互依存的，即后果影响概率。

像许多 CCPS 书籍一样，这本书开辟了新领域。因此，我们预期随着时间的推移，这些方法将不断被完善。为此，我们希望获得您的帮助，以提高计算工具的精度和实用性。我们打算定期对该工具进行更新，并在几年之内确定是否需要本书的第二版和该工具的更新版本。CCPS 网站为用户提供了与使用该工具有关的信息和课程的途径，并且为用户提供了下载新信息和该工具的更新版本的方法。

本书的所有者可以访问 CCPS 网站上的计算工具：

http：//www.aiche.org/ccps/resources/publications

此"工具"作为购买的书籍的一部分提供，除本书所有者外，任何人都不得使用。该工具还应该仅在用户阅读本书后使用，尤其是在第 1 章和第 4 章之后，并且应首先与第 5 章中的插图结合使用。

用户请注意：此工具代表正在发展的技术，其基于相应的 CCPS 图书《泄漏可燃物点火概率计算指南》中描述的算法和逻辑。任何此类工具都无法预期所有可能的使用情况，并且期望该工具的用户已阅读并理解相关书籍，工具的范围以及与滥用该工具有关的潜在危害。在某些情况下，未阅读本书的用户产生的结果可能不正确或被误解。对如何使用工具和/或滥用工具的误解可能会导致报告的结果不准确，并且可能导致用户方面的不当操作。

致 谢

美国化学工程师学会(AIChE)及其化工过程安全中心(CCPS)对点火概率项目小组委员会的所有成员及其 CCPS 成员公司的慷慨支持和技术贡献表示赞赏和感谢。

小组成员

Robert Stack—Chair	陶氏化学公司
John Baik	英国石油公司
Laurence G. Britton	专家和工艺安全顾问
Mervyn Carneiro	美国礼来公司
Wayne Chastain	伊士曼化学公司
Andrew Crerand	壳牌(Shell)
Trond Elvehoy	挪威船级社(DNV)
Jeffrey Fox	陶氏
Randy Hawkins	AON Energy Risk Engineering
David Herrmann	杜邦
Jack Reisdorf	福陆
Jim Salter	雪弗龙
Vince Van Brunt	南卡罗来纳大学

主要作者：Michael Moosemiller，贝克工程与风险咨询公司
CCPS 顾问：Adrian L. Sepeda，美国化工过程安全中心(CCPS)

CCPS 对主要作者 Mike Moosemiller 先生的贡献表示感谢，他的贡献在于除了需要适应小组委员会的时间表，还有大量的审查和编辑工作，以及不计其数的试验和对计算软件"工具"的审查。CCPS 还肯定了小组委员会主席 Bob Stack 先生的持续和指导，他以持续的支持、鼓励、坚定不移的奉献精神和方向指导了小组委员会完成这项长期和艰巨的任务。

CCPS 感谢贝克工程与风险咨询公司(以下简称"贝克风险")及其所有贡献

者，使本书得以出版：

Moira Woodhouse	技术编辑（贝克风险）
Jef Rowley	工具代码编写（贝克风险）
Jesse Calderon	工具代码编写（贝克风险）

在出版之前，所有 CCPS 图书都要经过一个完整的同行评审过程。CCPS 非常感谢同行评审人员的意见和建议。他们的审查和建议提高了这些指南和相关计算"工具"的准确性和清晰度。

虽然同行评审提供了许多建设性的意见和建议，他们没有被要求在本书署名，也没有在发布前向他们展示本书的最终草案。

同行评审

John Alderman	危害与风险分析
Don Connolley	英国石油公司（BP）
Chris Devlin	塞拉尼斯（Celanese）
Kieran Glynn	英国石油公司（BP）
Bob Johnson	UNWIN 综合风险管理
Beth Lutostansky	空气产品和化学品公司
Kimberly Mullins	普莱克斯（Praxair）
John Murphy	化工过程安全中心（CCPS）
Phil Partridge	陶氏化学公司（退休）
Erick Peterson	MMI 工程
Robin Pitblado	挪威船级社（DNV）

感谢合作社的学生 Jamie Gomez 女士，她进行了最初的文献搜索，确认有足够的信息可以启动这个项目。

术　语

后果：某一事故导致的非预期后果，如火灾、爆炸或毒性物质泄漏导致的潜在影响。可以用定性或定量方式来表达后果，通常通过健康及安全影响、环境影响、设备损失以及生产中断损失来度量。

提前点火：在本书中为立即点火的同义词，表示点火发生的时间和空间与初始可燃物质泄漏非常接近，以至于没有足够的时间形成可燃气体云团，也就是说不可能形成蒸气云爆炸。

扩散模型：用于表达毒性/可燃物质泄漏至大气中的运动原理的数学模型。

可燃：NFPA 中有两种解释（National Fire Protection Association，NFPA，美国消防协会）。

① 根据 NFPA 30 的定义：闭杯闪点低于 37.80℃（100℉）且在 37.80℃（100℉）下雷德蒸气压力不超过 275.84kPa（40psia）的液体被称为可燃性液体。可燃性液体也被称为 1 类液体并且有 3 个分类：1A 类—闪点低于 22.80℃（73℉）且沸点低于 37.80℃（100℉）；1B 类—闪点低于 22.80℃（73℉）且沸点等于或高于 37.80℃（100℉）；1C 类—闪点等于或高于 22.80℃（73℉）但低于 37.80℃（100℉）

② 根据 NFPA 55 的定义：可在与气态氧化剂（如氧气或氯气）混合情况下被点燃的气体被称为可燃性气体。可燃性气体包括可燃性液体超过闪点时产生的蒸气。

失效模式、影响及关键性分析（FMECA）：失效模式、影响及关键性分析。

频率：给定时间区间内某事件发生的次数。

基础燃烧速率：火焰前锋（简称焰锋）沿法向相对于新鲜混合气的推进速度称为层流火焰传播速度。层流火焰燃烧速度取决于混合气中的可燃物组分、温度及压力等。

IDLH：根据美国国家职业安全和健康研究所的定义，IDLH 指立即对生命或健康构成威胁。

点火：参见本书 1.3.1.1 章节。

立即点火：在本书中为提前点火的同义词，表示点火发生的时间和空间与初始可燃物质泄漏非常接近，以至于没有足够的时间形成可燃气体云团，也就是说不可能形成蒸气云爆炸。

影响：给定后果对建筑物内人员产生的结果（例如：建筑物内人员受伤等）。

事故：可能导致潜在非预期后果的非计划事件。

保护层分析（Layers of Protection Analysis，LOPA）：一种用于评估非预期事件下可能降低事件发生可能性或减缓事件后果的独立保护层的有效性的过程（方法、系统）。

可能性：用于表达某一事件预期发生频率的方式。

燃烧下限（Lower Flammability Limit，LFL）：可燃物质在空气中浓度的下限，低于此下限值时可燃物质无法被点燃。类似的表述还有 LEL(爆炸下限)。混合物低于此阈限值时可认为浓度过低。

概率：用于表达在某一时间间隔内某一事件或事件序列发生的可能性，或者是某一事件测试/需求时成功或失效的可能性。根据定义，概率是一个 0~1 之间的数字。

工艺危害分析（Process Hazards Analysis，PHA）：一种用于辨识及评估化工流程及操作过程中潜在危害的系统分析方法。工艺危害分析通常包括识别及评估危害显著程度的定性分析技术，并针对待分析系统提出结论及适当的风险改进建议措施。偶尔也会采用定量分析方法来辅助进行风险消减措施的优先程度排序。

定性：主要根据历史经验或专家判断来描述或对比来界定危害、后果、可能性和/或风险等级的方法。

定量风险分析（Quantitative Risk Assessment，QRA）：基于工程评估及数学方法，对某一指定装置或操作流程的潜在事故预期发生可能性和/或后果的数值预测的系统方法。

基于风险的检验：一种专注于流程工业装置由于材料退化导致的承压容器物料损失的风险评估及管理过程。这类风险的管理通常主要通过设备检验来实现。

场景：一种可能导致损失事件及其相关影响的非预期事件或事故序列，包括在事故序列中对应安全保护措施的成功或失效情况。

半定量分析：包括一定程度上对后果、可能性和/或风险等级进行定量评估的风险分析方法。

1 引言

1.1 范围

本书介绍了泄漏至外部环境的易燃气体及液体的点火概率评估方法，阐述了用户应熟悉的技术材料。本书适合于具有过程安全和安全风险管理经验的工程师、研究人员等。

书中罗列了不同复杂程度的算法，以广泛适应用户的需求，如：过程危害分析小组进行客观的半定量风险等级评估；或研究人员需要进行相对复杂的定量风险分析，并研究相应的风险削减计划。读者可根据需要选择适当的复杂程度和精确度的方法，并进行相应的数据输入。

本书范围仅限于可燃气体、可燃液滴和可燃液体。通常仅适用于陆上生产设施，但是如果用使用者能够正确地理解并解释海上生产设施与陆上设置之间的本质差异，则可以将其应用于海上设施。本书中不包含可燃粉尘的研究，主要原因为：

① 粉尘云团的大小和物理化学特征很难在一个给定的场景下进行量化，特别是对于粉尘"干扰"事件(累积在设备和支撑结构表面的粉尘发生移动)；

② 目前粉尘的点火概率数据是非常有限的。

1.2 本书目的

自 20 世纪 90 年代以来，许多公司都建立了过程安全团队，这些从业者在不同领域有着丰富的经验和专业知识，解决企业内部的问题，同时也进行着相关的安全研究。但随着安全分析与评估技术的发展，对于大多数公司来说，安全分析与评估已经变得越来越复杂和困难。本书的目的是解决诸多难点之一，即协助风险分析人员确定蒸气云的点火概率。

本书希望实现以下三个主要成果：

- 开源的、可以贯穿在流程工业中使用的评估点火概率的标准化方法；
- 让用户快速估计出点火概率的方法和工具；
- 提出减少点火概率的削减措施。

基于以上三点，我们希望有一个工具，尽可能提出更多的"燃烧三角形"要素。实际上，这些方法可以在三角形各边上，在不同程度上解决一些问题，但是不能完全解决，所有的结果都是削减点火概率，而不是完全消灭点火。

1.2.1 消防简史

许多流程工业中的灾难性事故是由释放到环境中的易燃物质被点燃造成的。出于这个原因，安全专业人士和监管机构不断寻求方法来降低这类事件的频率，并且已开展各种方法来实现这个目标。在实施行业标准和规范之前，专业人士利用他们个人或团队收集的以往事件及消防基本知识来减少这类事件。在古罗马，公元 64 年的城市大火后，罗马皇帝 Nero 制定了防火规范。该规范包含防火建筑材料的要求以及间隔距离的使用，这些概念至今仍在使用。

这些基于知识的方法演化为一系列工业标准和规范，以分享易燃物管理的知识，并引入管理易燃物的标准化方法。不足为奇，19 世纪兴起的保险业促进了这一努力，各种各样的专业组织在 20 世纪成立了，比如美国的国家消防协会（NFPA）、消防工程师协会（SFPE），以及其他国家的行业组织。这些机构在易燃物管理方面的发展发挥了重要作用。

石油、化工和其他行业的点火研究是并行发展的。Klinkenberg 和 van der Minne（1958）提出的行业中关于静电的文献可以追溯到 20 世纪初。美国矿山局在这一领域知识的发展发挥了主导作用。通过这些努力和其他行业的贡献，在 20 世纪中叶，对这些现象的理论和实验支持都取得了进步。

随着化学和石化行业的成熟和发展，火灾和爆炸的潜在危害也越来越大，一些悲惨的事件，如 Flixborough、Piper Alpha、Mexico City 和 Pasadena，促使监管机构更加密切地参与到对易燃物危险的管理中。在美国，职业安全与健康管理局于 1992 年颁布了《高危化学品的过程安全管理》(*Process Safety Management of Highly Hazardous Chemicals*)标准，虽然这个标准大多建立在，并引用了该行业之前的努力成果，但这为监管此类危险奠定了基础。

1.2.2 基于风险的易燃物管理办法的发展

易燃物管理的最新进展是使用基于风险的方法。基于风险的方法，将火灾或爆炸的预计频率定量化，并与火灾/爆炸的预测结果结合，以确定潜在危害的风险。在某种程度上，这个进展是由计算能力的可用性增长所推动的，需要对现代化流程工业设施里出现的成千上万的场景组合进行详细分析。这也与欧洲的基于风险的"文化"和基于风险的法规的兴起有关。

近年来，量化的基于风险的方法论的发展伴随着理论、工具以及可用于预测火灾和爆炸后果的软件的巨大进步。尽管后果分析的方法在不断改进，但可以认为后果分析的方法是相当成熟的，因此可以解决以下"风险方程"一半的问题：

$$风险 = f（后果，频率）$$

或者，按保护层分析业内人员更为熟悉的下列术语：

$$风险 = 后果 \times 频率 / 风险削减因子$$

风险方程中的频率方面，看起来概念简单，而且不需要使用高斯烟羽、计算流体力学或其他相对更高的数学求解方法。尽管如此，抑或是因为如此，事件的频率一直是一个相对被忽视的学科。现在这种情况正在改变，因为一些监管机构（尤其在北美以外）要求企业执行量化风险评估，监管机构本身也已开始对这些研究的频率输入进行标准化。例如，一些风险分析人员需要对压力容器×孔径泄漏的频率使用特定的值。虽然这些数字在"一般"的情况下有许多值有着广泛的共识，但一些输入，例如点火概率，是非常需要依据情况特定的，因此在许多情况下应该更精确地对待。

对之前频率/风险计算方法的改善也及时出台，美国石油学会（API）推荐做法"752"建筑物选址（API，2009）允许使用基于风险的方法来决策建筑物和人员位置。由于燃烧事件的风险计算总是结合了点火概率，为了确保风险评估的技术准确和贯穿行业的执行一致性，更精确和准确地估计这个值是十分必要的。本书也旨在为用户提供新的工具，可以遵循本书中API的推荐做法，并且作为CCPS书籍《流程工业建筑物评估指南——外部爆炸、火灾和有毒气体泄漏》（CCPS，2012）的姊妹篇，同时作为CCPS书籍《保护层分析——使能条件和修正因子》（CCPS，2013）的资源补充。

1.2.3　开发点火概率预测方法的困难

从数学的角度来看，确定点火概率似乎是一个简单的问题，可以简单地收集信息，或者对泄漏易燃物的位置进行事件的测试，并记录点火发生的案例。然而，从多个角度来看，这一策略的执行是有问题的，讨论如下。

1.2.3.1 数据偏离

最简单的预测点火概率的数据分析形式如下：

点火概率＝观测到的点火/观测到的易燃物质泄漏

有许多情况下，导致一场大火或爆炸的事件已经被某种形式或其他形式所记载，尤其是在近代。因此，我们有一些乐观的理由相信上面方程式的分子可以一定程度得到量化。

分母则是另外一回事。理想情况下，没有导致火灾或爆炸的泄漏事件，应该与那些已经发生火灾或爆炸的事件同样进行严谨的记录。然而，更大的可能却是没有被点燃的泄漏事件且没有记录在点火数据库中。它可能记录在其他内容中，例如，用于环境报告的要求。但是，把这个数据交给开发点火概率数据库的人员的可能性是非常小的。因此，人们很大倾向会认为，预计的点火概率比实际情况要大。

1.2.3.2 实验问题

在后果模型开发的情况下，该行业（花费了相当大的费用）进行泄漏、火灾和爆炸的现场测试，并测量了结果。因此，有记录的实验可以定义今天可用的、更好的后果模型的基础和校准。

相比之下，在受控的现实条件下，很难进行点火概率实验。比如，任何工厂管理都不能很好地允许数十或数百个实验将易燃物质泄漏在他们的装置里，以收集爆炸产生次数的信息。实验室环境可能适用于定义泄漏遇见特定点火源的点火概率，但很难用于复制工艺装置内的数百个潜在点火源。

1.2.3.3 专家观点

在可以确定的事件和这样做的成本之间存在着一种平衡。难以获得客观点火概率数据，使得许多专家按其经验给出数值建议。但是，这种做法会产生两类反对观点：①不同的经验结果依赖于个体观察者所处的环境；②文献中观点的复制。因此，会出现许多相同概率数值的来源，实际上可能来源于某个可能在"时间沙漠"中丢失的单一来源。

由上，点火概率评估方法的研究不同于其他风险输入方法。鉴于预想一个点火概率几乎为零的场景（在偏僻位置的丁烯罐的法兰渗漏）以及其他点火几乎确定会发生的场景（操作温度高于自燃点的加氢处理装置的重烃泄漏）都是可能的，风险分析人员事实上经常会使用非常广泛的点火概率值（如"轻烃的立即点火概率"，~10%）。

1.2.3.4 "保守性"

风险分析人员经常会对未知或不确定的地方使用保守的输入。但是，对于点火概率很难去界定保守性，因为选择"保守"的高值作为立即点火的概率，可能会降低后果更为严重的延迟点火的概率。同样，高的点火概率会阻碍更为严重的毒性影响的输出。这些将在第4.1.2节进一步详细描述。

1.2.4 丢失变量

目前可用的点火概率数据还有一个缺点，即有很多的已知或疑似的重要变量无法简单的量化。这包括在室内泄漏场景下通风率的影响，物料泄漏区域不同电气等级类型的影响等。

1.2.5 行业需求和发展方向概要

这些或其他缺点造成的关联影响不仅仅是信息的缺乏，也可能是风险分析在一定程度上的不精确性。这也意味着风险管理者们在他们的工具箱中有着很多降低风险的缓解措施选项。例如，风险管理者觉得在装置附近禁止车辆通行将会降低风险。然而，在缺乏定量论证情况下，他不能下决定去花钱执行这个变更。因此，可以想象，一些模棱两可的风险降低措施在没有得到公认的情况下是不会执行的。

出于这个原因，本书致力于为精确性和在点火概率评估时可考虑的变量范围寻求扩展。本书中关于方法精确性的假设将在第4.4.1节中讨论。

近年来点火概率预测方法的发展取得了一些显著的成就。本书为读者提供了关于变量的一些并未得到充分认可的额外信息以及对它们的一些见解。如上节所述，开发一个更精确的工具来量化绝对的风险并不是一个简单的问题。向风险管理者尽可能多地提供工具也是至关重要的，这可以促进降低易燃物质泄漏相关的风险。

1.2.6 本书的应用

点火概率评估可用于半定量分级和全定量风险分析的执行。前者通常只需要粗略的精确度，在付出很小努力即可获得数值的情况下使用。后者需要更高的精确度，分析人员应更多努力一点才能达到。本书是为了满足广泛的读者需求，允许各用户付出必要的努力以达到各自所需的精确度。

本书中工具的潜在应用是相当广泛的，预期的用途包括以下内容（按复杂程度增加的顺序）：

工艺危害分析（*Process Hazards Analysis，PHA*）——在PHA分析中，分析小组需要频繁地针对具体场景给出低分辨率的风险度量。对于易燃物质泄漏，所评估的事件频率是一个泄漏事件导致火灾或爆炸的概率。PHA 分析中，广泛用于风险分级的风险矩阵通常是由风险的数量级来描述的，因此所需的精确度是很小的。本书中描述的"第 1 级"分析可以应用于此。

保护层分析(Layers of Protection Analysis，LOPA)——在 LOPA 分析中，点火概率经常被用作特定事件结果的"修正因子"。精确度等级要求比 PHA 分析更高，但仅需与其他分析输入条件的精度相匹配即可。本书中描述的"第 1 级"或"第 2 级"分析适用于此。

筛选级别的定量风险分析(Quantitative Risk Assessment，QRA)——在 QRA 分析中，需要更高的精确度，以与风险计算中后果方面的努力和精确度保持一致。其他高度量化的应用(如气体探头布置的优化决策)也将受益于高精确度的点火概率。本书中描述的"第 2 级"和"第 3 级"分析可适用于此。

详细的定量风险分析——在一些 QRA 分析中，提出的问题超出了通常所遇到的问题。比如室内易燃物质泄漏的分析，遇到了通风速率或其他因素的情况，而这些在现有文献中没有相关描述。在这些情况下，本书中描述的"第 3 级"审查是必要的。

1.2.7　书中方法应用的局限

本书的目的是为典型情况下的点火概率预测提供计算方法。但在一些非典型案例中，本厂人员在预测点火概率方面的知识会更优于任何算法。这包含正在泄漏的化学品发生自燃或者在环境中发生反应的情况。例如，Britton(1990a)描述了硅烷和氯硅烷潜在点火的许多细微差别。其他情况，如在极端工况下的工艺操作、化学物质分解后泄漏、非寻常化学物质或中间体等，其行为只有企业自己的员工知道。

本书中描述的方法一般适用于常规的工厂总平和操作工况，适用于常见的化学物质，如氢、烃，以及其他自身不发生反应或与空气不发生反应的物质。本书也无法预测与泄漏物质点火相关的所有的潜在物理和化学影响。

软件使用者应该对所模拟的区域有详细的了解。这样使用者可以知道这些区域中实际存在的点火源和电气等级分类情况。使用者可以调研所模拟的泄漏区域，核对电气等级分类以及点火源情况。软件需要有正确的输入，才能获得有用的结果。

在陆地工厂，总平或设备操作不同于典型的操作范围时，算法的精确性也可能会受到限制。因此在应用于海上设施、船舶、汽车或铁路运输时，使用者可能会在这些工具中发现不足之处。

还应注意的是，这个工具的目的是预测给定 *易燃物质可以接触到点火源的点火概率*。易燃蒸气云也可能因为一些原因接触不到点火源，例如：

- 泄漏速度很小；
- 泄漏物质是挥发性很小的液体；
- 泄漏位置很远；
- 有排水系统，引流至远离点火源的位置。

像这些情况下，本书中的模型有很大程度的不确定性，输出结果应与事件树、更强的扩散模型和/或现场巡查相结合使用，可以对接触点火源的潜在可能做出更好的描述。

因此，这里描述的工具应带着思考来使用，且并不适用于所有可能的情况。本书假定使用者具有足够的工厂操作经验，可以识别出工具明显没有反映出化学物质、工艺和特定场景的情况。

本书给出的这套算法，基于现有文献和代表数百年工厂操作的人类经验进行了检查。行业中也有一些其他的模型、已经编程至 QRA 或其他软件包中的程序，他们的开发者可能会认为其模型更优于应用(也可能与本书的范围不同)，当用本书加强其模型时，可以合并本书的部分元素至其他现有的模型，但不能全部使用，且应谨慎考虑并对结果进行测试，因为本书中的方法对于一个有经验的使用者来说，已经经验证作为一个完整的工具包。

1.3 点火概率概述

1.3.1 点火的理论基础

1.3.1.1 什么是点火

从逻辑角度来说，研究点火概率的基础，第一步应该定义什么是"点火"。国际标准化组织(ISO，2008)中给出的点火定义为"开始燃烧"。Babrauskas (2003)指出："燃烧"在描述它的文章中经常没有定义；因此他给出了一个非常简单的描述，即"靠自身维持的高温氧化反应"。NFPA(2012)中的定义是"以足够快的速度发生的化学氧化过程，以产生热和通常以辉光或火焰形式出现的光"。从本书用户预期应用的角度考虑，"点火"定义为：突然发生转变为自身维持的高温氧化反应。

这样简单的定义与本书的宗旨十分吻合，同时也排除了低温、低速率的氧化反应(如，生锈)或瞬时氧化反应[如，高于燃烧上限(UFL)的氧化反应，"干燥"

CO 的氧化反应]，这些不是我们所关注的，因为它们不太可能发展成为具有严重后果的场景。

1.3.1.2　点火是如何发生的？

点火的发生可以是"自动点火"或者"被动点火"（Babrauskas，2003），同时在某些场景中，物质能够自燃。另一本 CCPS 书籍（1993；318 页）中提道：

除了火焰等明显的点火源外，可以考虑以下几类点火源：

- 适当的能够引起自燃的温度源；
- 电力来源，例如电力设备、静电积聚、杂散电流、射频传感器以及闪电等；
- 物理源，例如压缩能量、吸附热、摩擦热及撞击等；
- 化学品来源，例如催化物质、自燃物质以及系统中形成的不稳定物质。

在谈论"燃烧三要素"时通常会考虑点火源，燃烧三要素包括：燃烧物、氧化剂和点火源（大部分火灾都需要这三个要素）。但要注意，有些物质可以在没有氧化剂的情况下被点燃。例如，乙炔和环氧乙烷（分解产生火焰）、一些金属粉尘（与氮气发生反应）。另外，在工艺条件下，有些物质可能在没有氧化剂的情况下被点燃，即使在环境条件下，这些物质也可能有一个显著的氧化剂浓度限值（LOC）。例如高温高压条件下的乙烯（Britton 等，1986）。

图 1.1 列出了自动点火的温度-压力曲线图。对于本书的用途来讲，只有大气压部分是相关的，并且只有一部分，因为本书认为读者对冷火焰是不感兴趣的。除了自动点火，通过火花或者其他能量源发生的"点"式点火，会导致局部能量释放速度大于热量损失速度的反应，这样火焰可以传播。温度为 550000℉（30000℃）时，火花加热的时间约为 1ms。点式点火应与"大体积"点火分别考虑，比如自燃，可燃混合物是被缓慢加热的。

必须认识到，很多定量化"点火"的案例超出了本书的范围，读者不应用本书来判定，例如，对自燃物质泄漏使用较低的点火概率。本书最初所关注的内容是自燃和被动点火，在下面章节中会详细描述。在自燃过程中，可燃混合物存在于一个足够高的温度环境以触发并维持氧化反应。被动点火则需要一个单独的能够提供热量或能量的"介质"。

自燃——自燃"是在一定初始条件（温度、压力、体积）下反应系统的热增速度超过热量损失速度进而点燃的结果"（CCPS，1993）。它很难在实际情况中定义，因为可燃混合物不是简单的通过增加自身温度来实现从"没有反应"到"完全反应"转换。同样，自燃的特性也很难用其他现成的物理性能指标（比如沸点）来预测，如图 1.2 所示。

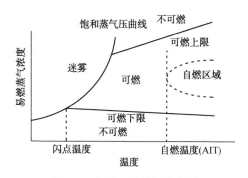

图 1.1　各种可燃性间的关系
（Crowl，2003；改编自 Kuchta，1985）

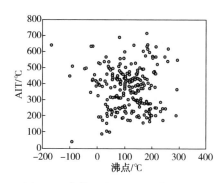

图 1.2　自燃温度（AIT）和沸点之间
无关联（Babrauskas，2003）

　　自燃点（AIT）是一个氧化反应动力学函数，在某种程度上与化学物质的分子结构（如分子的结构分支的程度）有关。Babrauskas（2003）中给出了正辛烷和异辛烷这两个辛烷异构体的分支案例。前者自燃点（AIT）相对较低，是 220℃，后者自燃点为 415℃。Zabetakis（1965）中对一些化合物的自燃点（AIT）依赖于分支程度的特性给出了描述，详细内容参见图 1.3。尽管有些过时，但这个重要的参考文献仍是可用的，并且包含了大部分的可燃性相关的问题。

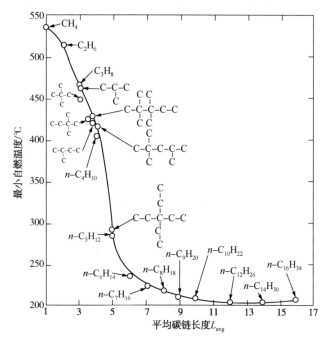

图 1.3　AIT 作为链长的函数（Zabetakis，1965）

链对自燃点(AIT)的影响可以归结为链长对链节断裂成自由基的频率的影响。这也与分别用于描述柴油和汽油发动机燃料性能的"十六烷"值和"辛烷"值有关。动力学理论中提到,温度的升高增加了分子拥有充足能量以分裂并与氧发生自由基反应的概率。

其他自我诱导的点火——泄漏的可燃物质立即点火的一个原因是静电放电。这种情况下,在放电前,流经管线或其他设备的工艺流体的移动可能大于正常流速,因此产生了比设计人员所预期的更多的电荷。在泄漏时,这些电荷传至泄漏出的物质。

Britton 和 Smith(2012)提出了一种用于详细评估由低导电性液体流动引起的充电电流的方法。附件 A 用于帮助识别"静电累积"的流体,同时介绍了评估点火概率的方法。针对单组分流体或柴油等复杂混合物,给出了闪点安全系数并解释了高海拔(如采矿作业)相关的环境压力降低的原因。

被动点火——如果已有火焰存在,可燃混合物显然会发生点火。但需要注意的是,并不是所有的火焰都能够发生点火。火焰能够发生点火,必须:

- 有足够的温度;
- 有足够的大小和形状;
- 有足够长的点火时间。

所需要的点火时间可能是毫秒级的,但也可能会更长。

如果没有出现足够的火焰,则必须通过其他方式来"被动"点火。热表面是一种最简单的被动点火方式。放电的同时若伴随着放热,同样能够提供促进燃烧反应的被激发的化学物质。提供足够的电压或者开/关电气开关能够产生火花,例如,供电线缆因机械损伤而破损。

当火花传递的速度很快(微秒级),并且在有限的空间内时("点源"),是最有效的火花点火源。可能只需要很少的能量;点火所需的能量通常低于 1mJ。但是,如果能量输入太分散了,即使有大量的能量,也不能点火。对于工艺装置发生的泄漏,讨论能量源持续时间的问题通常是没有意义的,因为在紧急工况下,能量源往往会持续一段时间。尽管时间可能是一个相对的变量,但更多关注的是泄漏的持续时间和在可用的时间内找到点火源的能力。

1.3.2　用于预测点火概率的与燃料特性相关的关键点火因素及可替代因素

许多化学性质在确定泄漏物质发生点火的倾向性时是很重要的。这些性质已经被许多化学物质的实验所确定,但不是全部。为了开发一款预测性工具,下文讨论了这些因素的相关性,以及化学物质光谱数据的可用性。需要注意的是,虽然下面的因素是相关的，但有些没有包括在随后的模型开发中，因为这些变量与一个或多个正在使用的其他变量相近，因此不需要重复。

如果一些化学品特性数据不容易获取，则建议采用更广泛的其他可以获取到的化学品特性来替代。ASTM 国际 CHETAH 项目（ASTM，2011）计算了碳氢化合物（C+H）和含有 C+H+O 原子的分子（如乙醇、乙醚、酮类等）的各种易燃性参数。同样的方法也应用于含有氮原子的有机 C+H 化合物（如胺类等），但是准确度稍低。允许对一些氯化有机物的燃烧下限进行估算。化学品混合物会带来另一级别的复杂性。混合物的处理方法会在第 2.10.2 节中进行讨论。

1.3.2.1 可燃极限

大部分的可燃物质只有在空气中达到一定浓度时才能发生燃烧。如果可燃物质在空气中的浓度过高，就没有充足的氧气来进行燃烧；如果浓度过低，燃烧物的量就会不够。可燃极限对于点火概率的重要性在于可燃范围内的云团大小。如果可燃范围很广，那么产生的可燃云团的尺寸也会很大（假设其他所有条件都一致的情况下）。

需要注意的是，可燃极限会随着化学物质温度的变化而发生改变，温度越高可燃极限范围越广。但大多数化学物质的可燃极限的影响并不像其他有些化学性质那么大，由于温度参数已经包含在其他形式的输入条件内了，因此温度对可燃极限的影响小到可以忽略不计。事实上，与实验室可燃性测试不同，物质泄漏到开放环境下会出现一个浓度范围，如果工艺物流是可燃的，它将在扩散的过程中经由可燃范围。

最后，如 QRA 这类工具的很多应用也包含扩散模型。但必须记住，这类模型可能会具有双精度的因子，而且任何给定的扩散有可能会不均匀，比如超出了预测的燃烧下限（LFL）浓度，或在预测的 LFL 浓度距离内有不燃烧区域等。基于这类原因，很多模型在报告输出时同时给出了½ LFL 和 LFL 的距离。关于点火概率模型应该应用在 LFL 或½ LFL，还是其他末端浓度的讨论，不在本书范围。这类决定留给用户，要知道在组合分析中使用其他方法，以考虑了更多的背景和保守性。

1.3.2.2 闪点和燃/着火点

这两个术语中，应用更为广泛的是"闪点"，其定义是液体物质产生可燃蒸气（具有一个蒸气压力，使得蒸气产生的浓度等于其 LFL 浓度）的最低温度。但是燃（着火）点可以更好地衡量点火的倾向，因为它被定义为液体产生持续火焰的最低温度。无论如何，要注意无论是闪点（"开杯"或"闭杯"实验）还是燃/着火点的衡量方法都不能够完美地反映露天泄漏行为。就我们的目的而言，它们只是用来描述被点燃的相对倾向。

在消防工程师协会编写的《消防工程师手册》(SFPE,2008)一书中提供了一些概要和背景数据,但没有概率数据。具体来说,书中包含了一些物理特性数据,例如可燃范围、自燃点温度、闪点等。另外,讨论了液体点火的基础,以及闪点和着火点之间关系,详细内容参见表1.1。

表1.1 一些物质的闭杯闪点、开杯闪点以及着火点的温度值(SFPE,2008)

物质	闭杯 闪点	开杯 闪点	着火点
己烷	-22℃[-8℉]	N/A	N/A
正庚烷	-4℃[25℉]	-1℃[30℉]	2℃[36℉]
甲醇	12℃[54℉]	1.0℃,13.5℃[1][34℉,56℉[1]]	1.0℃,13.5℃[1][34℉,56℉[1]]
对二甲苯	25℃[77℉]	31℃[88℉]	44℃[111℉]
正丁醇	29℃[84℉]	36℃[97℉]	36℃,38℃,50℃[97℉,100℉,122℉]
正壬烷	31℃[88℉]	37℃[99℉]	42℃[108℉]
JP-6	N/A	38℃[100℉]	43℃[109℉]
正十二烷	74℃[165℉]	N/A	103℃[217℉]
燃油2号	124℃[255℉]	N/A	129℃[264℉]
甘油	160℃[320℉]	176℃[349℉]	207℃[405℉]

注:N/A 为不适用。

① 低值是使用引燃火焰来点火,高值为火花点火。

这些数值差异与所采用的测试方法有关。闭杯闪点仪器允许蒸气在液体上方积聚直到达到平衡。而开杯闪点仪器则让气体直接扩散出去。因此,后者所测得的点火温度会更高。想要达到由自我维持的扩散燃烧,就需要更高的温度来达到着火点。在闪点测试实验中,可以对比富燃料与贫燃料的着火点;闪点测试中可燃蒸气会被完全消耗,无法持续。

燃/着火点对于很多化学品来说是不可用的。幸运的是,尽管有很多例外,但大部分物质的燃/着火点温度比闪点(闭杯实验)高出 5～15℉(1℉ ≈ -17.22℃)。因此,选择用闪点来代替燃/着火点是合理的。另外,一些研究者经过多年的研究探索了闪点与沸点之间的关系。(Catoire 和 Naudet,2004)对这项研究工作进行了很好的介绍,其中指出的关联性示例,对于本书目的而言,能够准确地说明沸点可以作为闪点/着火点的替代。闪点也可以通过使用(Rowley 等,2010)所提到的方法来进行预测。

即便如此，在使用沸点时存在很多困难，例如，涉及混合物。在这些情况下，通常的做法是选择最易挥发的物质闪蒸10%时的温度，尽管这并不完美。

1.3.2.3 蒸气压

物质的蒸气压是化学物质本身和它被释放时温度的函数。这种物质特性反映了它在以液体形式释放时的蒸发倾向，因此它是蒸气云产生规模大小的关键因素，而这又与它遇到点火源的概率有关。

由于蒸气压取决于化学物质的温度，使用蒸气压作为点火模型的输入时，需要在模型中建立大量可能用到的化学物质的蒸气压/温度曲线。因此，化学物质的沸点(现成的)相对于其释放温度(分析人员能够知道)可用于代替蒸气压。混合物质的处理将在第2章节中进行讨论。

1.3.2.4 自燃点(AIT)

自燃点(AIT)也被称为"点火温度"或"自燃温度"，AIT是物质在没有外部点火源的情况下点火的温度。自燃温度可看成是发生着火但没有发生爆炸的点(因为没有足够的时间积累成未点火的云团)。

然而，AIT在现实中并没有那么清晰。在预测一种化学物质的实际自燃时，所测得的AIT有许多缺点，包括：

测试仪器的多样性——用于测量AIT的测试仪器有着相当大的差别，并且容器的表面效应对测试的结果影响非常大。因此个别化学物质的AIT值记录会有200℉甚至更高的差异。通常情况下，一种化学物质的温度必须比记录的AIT更高才能真正自燃，因为被释放入/到的介质会冷却释放物质。《API基于风险的检验方法》(API, 2008)一书中已经考虑到了这个问题，书中假设AIT对点火概率没有影响，除非释放的温度比所记录的AIT温度高出80℉。然而，应该注意的是，原则上，如果一个被释放的蒸气云被限制在一个热空间内，并且该空间比测量AIT的测试仪器空间更大，那么实际的AIT可能会比测量的要低。

接触面积——有一些在AIT以下温度的自燃案例。通常的原因是热流体释放后遇到大表面积的空间，比如可能出现在高温容器上的隔热层。释放物与周围的表面发生反应(如生锈的钢)也可能发生这种情况。这些场景与测试仪器的差异很大，测试仪器通常是一个干净、光滑的表面。

AIT对于可燃物质释放的点火显然是一个重要的因素。然而，因为它在真实释放场景中的衡量不是完美的，所以它没有作为离散值处理，超过这个值即100%点火，低于这个值则不可能自燃。而是假设一个高于或低于所记录的AIT的温度范围，在这个温度范围内会实际发生自燃。附录A提供了一些常用工业化学品的AIT数值。

1.3.2.5 最小点火能量(MIE)

最小点火能量(MIE)在混合可燃气的强制点火过程中是一个非常重要的化学性质。与 AIT 一样，MIE 不易与常用的物理特性联系起来。事实上，唯一可靠的相关参数是"熄火距离"，这个参数本身是一个比较难以测量的最小距离，即火焰内核为了达到"火焰自由传播"(Babrauskas，2003)所需的最小距离，以避免由于热损失大于热增益而导致火焰熄灭。

MIE 和其他化学性质之间最有效的关联是 Britton(2002)提出的，他将 MIE 与每摩尔耗氧量的燃烧热联系起来。第 2 章将进一步探讨这种关联性。MIE 还可能与更基础的化学性质有关，例如 Lewis 数(热扩散系数和质量扩散系数的比值)和活化能(Tromans 和 Furzeland，1986)。

常用化学物质的 MIE 数值有着较大的范围(典型的 MIE>0.2mJ)，而氢气最低(MIE~0.017mJ)。然而，MIE 数值的这种差异可能并不像乍一看上去那么明显。Dryer 等(2007)提到氢气的 MIE(类似于其他物质)出现在化学计量浓度附近，即在空气中的体积浓度为 29%时。但在 LFL 浓度下，MIE 值"更类似于甲烷的"(Dryer 等，2007)。附录 A 提供了一些 MIE 记录值，这些值的范围差不多有 6 个数量级。

1.3.2.6 多个泄漏阶段

物质被释放的阶段与两个主要原因有关。最显而易见的必要性是释放时为蒸气、形成蒸气或者充分雾化以便接触到点火所必需的氧气。

关于电荷积聚的阶段也很重要。《公共职业安全健康》(OSHS，1999)指出："在没有液滴和固体颗粒存在的条件下，纯净气体经高速喷射泄排，很少能够获得足够的静电荷而导致点火。但当气体中含有液滴或固体颗粒时，或在释放过程中形成液滴或固休颗粒时，就能够积聚足够的电荷来点火现存的可燃蒸气"。

因此，在释放过程中可能形成液滴的物流，如液化石油气(LPG)，或在同一设备中释放出的物质携带有微小颗粒，较它们自身的化学性质而言，更容易产生静电点火。液滴或微小颗粒的静电产生也可以解释一些事件，比如用来覆盖可燃物质泄漏的水雾和二氧化碳发生点火。微小颗粒的静电形成也可能有助于解释氢的或高或低的点火概率的不一致性。

1.3.2.7 化学性质因素的总结

为了减少用户的工作量，在不严重影响结果准确性的前提下，尽可能减少输入变量的数量是很有益的。因此，上述讨论的闪点/燃点和蒸气压因素将"捆绑"成一个单独的变量，该变量取决于物料的标准沸点或闪点的影响。根据第 2 章所做的论证，假定物质的可燃范围也间接地捆绑到沸点/闪点因素中。但 AIT 和 MIE 不能简化为更常见的物理方法，因此它们将按原样使用。

1.3.3 释放源相关的关键点火因素

接下来的很多变量在一定程度上取决于释放事件如何展开以及释放点周围的物理布局。下面将讨论主要的相关因素。

1.3.3.1 释放速度

以往事故数据表明，释放速度越大，整体点火和爆炸点火的概率越大。据推测，这至少与一个简单的事实有关：释放速度越大，产生的可燃蒸气云就越大，到达点火源的机会就越大。更大的释放速度也可能会产生更大的静电，稍后会讨论。

1.3.3.2 释放压力

释放压力显然与释放速率、液体的气溶胶化程度以及释放源附近静电产生的可能性有关。这些特征代表了压力对点火概率的关键影响，至少对于液体或两相流释放来说是这样，更高的压力会导致更高的点火概率。

蒸气释放的情况可能更为复杂。有迹象表明，更高的压力导致更大的点火机会；这种情况下的点火机理可能是由于随蒸气释放出的微小颗粒(如水垢)上产生的电积聚。但高压又有一个潜在的反作用，即可燃云团的末端有可能"吹灭"初期火焰。原则上，当火焰速度小于可燃气体离开释放源的喷射速度时，这种情况会发生。在实践中，Swain 等人(2007)已经观察到这种现象，在第 3 章节中会进一步讨论。

另一种可能的低压点火机理是 Britton(1990a)提出的。这种机理假定引火物存在于释放点，但并不暴露在空气中，除非泄漏速度非常低，这通常会出现在释放事件末期。在较低的压力下，空气携入(稀释)会减少，引火物可能会暴露在进入释放源设备的空气中。

1.3.3.3 释放温度

释放温度除了相对于 AIT 有着明显的重要性外，还有其他的点火潜在影响，其中包括：

- 温度的升高通常会扩大云可燃的范围或者降低着火的阈值；
- 温度会影响液体或两相释放的气化程度，在较小程度上影响蒸气云的浮力。

1.3.3.4 事件持续时间

当给定一个释放速度，较长持续时间的事件可能比较短持续时间的事件更容易发生点火，因为：①点火源会有更大的机会在蒸气云中起作用；②蒸气云本身可能会更大，因此会覆盖更多的点火源，直到达到最大的形状范围。这里可能会有一个时间限制，超过这个时间，可燃云团将永远不会点火。也就是说，给定持续时间 10min 左右没有被点燃，该事件很可能永远不会发生点火，具体原因超出了本书的量化能力。

1.3.3.5 释放点上/附近的静电

释放点或接近释放点的环境是十分重要的，主要用于确定是否发生立即点火。释放设备的结构和释放孔的几何形状（连同燃料的点火特性）对于确定释放源处是否产生静电以点火是重要的。一个难以区分但同样重要的影响是，紧邻释放点是否存在任何静电或其他的点火源。静电放电是一个重要的问题，将在下面进一步详细讨论。

静电点火——CCPS 出版了两本关于静电点火危害的优秀著作（Britton，1999；Pratt，2000）。下面简要介绍这些方法，它们适用于可燃物质释放的点火。

Britton 总结了典型的点火源和点火能，以及它们对各种易燃物质的适用性（图1.4）。

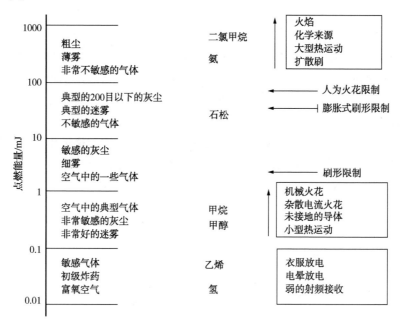

图1.4　各种物质的点火能以及可能点燃它们的点火源类型（更新自 Britton，1999）

本书读者感兴趣的大部分物质的点火能量在 1mJ 以下，因此本书重点关注这些情况。虽然存在其他点火源（如闪电），但它们通常与本工作无关，因为它们是瞬态事件且与可燃物质释放同时发生的概率非常小。

下面基于 Pratt 和 Britton 的插图,简要讨论不同类型静电放电的区别。我们邀请读者阅读这些书,以更深入地了解这个主题。

电晕放电——图 1.5 和图 1.6 描绘了电晕放电。电晕放电发生在当带电表面的附近空气中存在一个尖锐的点时,在空气中诱导电离。根据定义,电荷是漫射的,所以这种点火源只能点燃最敏感的化学物质。

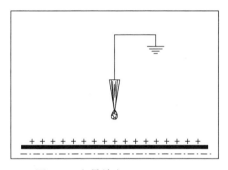

图 1.5　电晕放电(Pratt, 2000)

图 1.6　点-球间隙的电晕放电

刷形放电——图 1.7 和图 1.8 展示了刷形放电。

与电晕放电不同,刷形放电中的电极具有某种弯曲的形状(不是尖锐的)。例如工具、设备的延伸和手指。同前所述,带电表面(如管道、雾)可能产生点火,但这比电晕放电能量大得多。

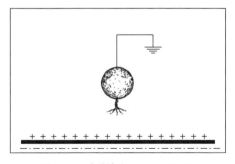

图 1.7　刷形放电(Pratt, 2000)

图 1.8　阳极电刷从带负电荷的塑料向接地球体放电(Britten, 1999)

膨胀式刷形放电——这种放电与粉末的积累有关,因此本书的读者通常并不关注这些内容。但这可能与一些处理固体的人相关,这些固体在储存过程中产生可燃气体(注意存储应用不在本书的讨论范围之内)。Britton 和 Smith(2012)也阐明了类似的放电现象可以在液体系统中产生。

传播刷形放电——图1.9和图1.10描述了这种极具能量的电刷放电形式。它的表面必须具有极高的电荷密度，并由接地导体支撑，这样才会发生这种放电现象，因为这种情况允许大部分的电场存在于表面和支撑体之间，而不是在空气中消散。

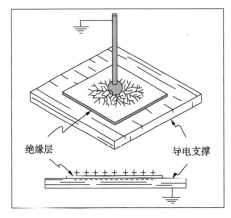
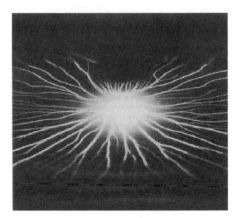

图1.9 传播刷形放电(Pratt, 2000)　　　图1.10 带电层上由接地电极
　　　　　　　　　　　　　　　　　　　引发的传播刷形放电

火花或电容放电——这种类型的放电主要关注的是流程环境的可燃物质点火。火花放电发生在电容之间，如图1.11和图1.12所示。

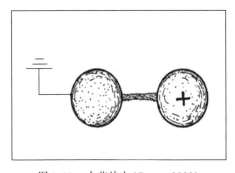
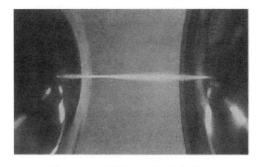

图1.11 火花放电(Pratt, 2000)　　　　图1.12 球形电极间的火花放电

总结——有一些类型的静电放电可能会在靠近释放源处(或更远的地方)点燃释放的可燃物。对于预测点火概率的目的来说，不同类型的静电点火之间的区别可能并不重要。即使它重要，也没有实际的方法来精确解释正常操作中点火源的数量和强度，更不用说在设备损坏和物质释放同时发生的混乱情况。因此，预

测释放源附近点火源的一般方法(如,基于释放量大小、平均设备密度)可能和设计出来的更加复杂的方案一样好。

1.3.3.6　释放点的限制条件

Dryer 等(2007)进行了一系列氢气(天然气的影响要小得多)实验,实验中在释放点(氢气钢瓶爆破片下游的管线/管件)设置障碍物或空间限制,会影响被点燃的几率。他推断:"储存容器的边界突然失效,或管线输送至下游没有阻塞的露天区域,那么不一定会出现类似的现象"。甲烷和天然气也被认为是这样的,但重烃则不然。这个假设原理见图 1.13。

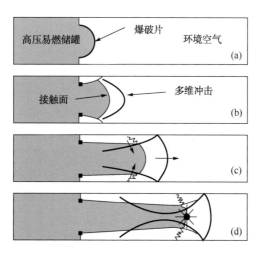

图 1.13　高压气体释放到受限空间的下游时
激波形成的示意图(Dryer 等,2007)

如图 1.13 所示,当压力从爆破片释放以后,氢气的高压激热了排放管道受限空间内的空气。管道中有障碍物时可能会带来更大的影响,例如,管件可以促进混合。这种现象发生时有一定的压力范围及结构形式,在第 3 章中我们将进一步讨论。

只有在释放压力大于 200psig(1psig≈6.89kPa)时才能够观察到点火现象。必要的有效限制将排放管线降低到 1.5in(1in=0.0254m)左右。由于管道中的热损失,长度大于 10ft(1ft=0.3048m)的管线不会发生点火。

1.3.4　释放后与外部环境有关的关键点火因素

1.3.4.1　已有的火焰

可燃混合物可以被已有的火焰点火,例如燃烧的加热炉。这些可以在逻辑上视为点火源，并单独进行计算。另一种方法是，在一个常规的流程工厂中，将这些点火源假定一定的密度，可能会更简单。

1.3.4.2 燃烧颗粒和火花

可燃混合物可以轻易地被旋转切割设备产生的火花、机械摩擦、点火工具或物体坠落所产生的能量点火。对此没有现成的方法，因此它被视为一个"区域"点火源，即在一个给定的流程工厂区域内，假设可能会存在一定浓度的类似点火源，但是试图量化它们是不现实的，除非对该区域进行电气分级。

从理论上讲，火花可能是在人员从可燃气云中逃离时掉落工具引起的。但这似乎并不是引起火灾或爆炸的重要原因，使用无火花工具来代替铁质工具不应被认为是具有可量化收益的预防措施(API，2004)。

1.3.4.3 电气设备

包括电子线圈和电线在内的设备可以提供点火可燃混合物所需的能量。物体接近具有超高压(如>800kV)输电线路的地面时，它相当于处在一个 5kV/m 的电场中(CCPS，1993)。

点火是否实际发生是电压、电流和其他因素的函数。因为在一个典型的流程工厂中可用的电源范围很广，它们可以根据暴露的类型(点源)被分配一个点火"强度"，也可能是根据工艺设备的"强度"来进行假设。

1.3.4.4 热表面

热表面会以某种形式(例如，热管道、电机)出现在典型的工艺单元中。但热表面的点火性能与火花点火不相同，也就是说，点火物质的热表面温度与实验室的自燃温度不同。

究其原因，被加热的气体从热表面向外进行对流，如果速度足够快，就不能给点火提供足够的时间。相反，自动点火装置均匀受热，并包含了一些没有跑出去的混合物。Duarte 等(1998)阐述了这一现象(图 1.14)，对其进行了详细描述，并用实验进行了验证。

热表面不能像火花那样被视为点源，但可以假设热表面的尺寸是有限的。图 1.15 说明了热表面面积对各种燃料点火温度的影响；需要注意的是，图中考虑的最大区域仍然足够小，对这些方法的目的来说，可以被认为是"点源"。

图 1.15 还说明了热表面的点火温度可以远高于自动点火装置的点火温度(例如，己烷的 $AIT = 223℃$；氢的 $AIT = 528℃$；乙醚的 $AIT = 195℃$)。API 还将实验的 AIT 数值与在热表面观察到的着火温度进行了比较(API，2003)。

在此基础上，热表面可以考虑为点源或点火源基础，但假定的"强度"比前面的点火源小。但是，可以考虑采取某些行政措施来修改热表面点火源；例如，禁止车辆在释放点区域通行。在本书的后面部分，车辆并没有明确地视为热表面点火源，因为点火的原因可能是一个热表面，也可能是车辆的点火系统。

第3.3.4节和第3.3.5节会对这个问题进行更进一步的讨论。

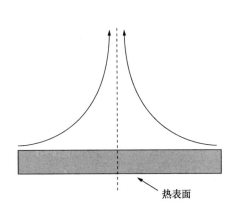

图1.14 水平向上的流动模式——
面对热表面(Duarte等，1998)

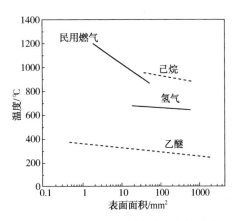

图1.15 热表面面积对点火温度的影响

1.3.4.5 释放至开放空间还是密闭空间？

大多数点火数据的收集针对的是释放至开放(室外)空间。但如果释放发生室内，更有可能被点燃，因为没有风或湍流来促进扩散，蒸气云将受限——事实上，喷射引起的湍流会促进释放的扩散。这可以看作是一般规则；在某些情况下，这种限制可能会导致空间内的浓度超出可燃上限因而未被点燃。

室内自然通风或强制通风可以稀释蒸气云。通风速率是否足以减小可燃云团的大小与释放的规模、房间的大小、通风速率以及释放/通风/房间的几何形状有关。

就影响而言，建筑物内部的释放也增加了点火导致爆炸的可能性，因为建筑物提供了一定程度的约束，如第1.4节所解释的那样，这种约束可能会促进破坏性冲击波超压。

1.3.4.6 静电点火源，包括人为点火源

前面章节讨论了静电放电的基础，毫无疑问，它在远场点火和"立即"点火都发挥着作用。因此，本讨论的重点是人为静电放电来源。Johnson(1980)及其他文献讨论过这个话题。

Johnson对人为静电点燃可燃物质提出了的如下要求：

- 蒸气或空气混合物在一个较窄的浓度范围内；

- 人员产生足够的静电；
- 电荷在人身上储存较长的时间(需要较低的绝对湿度)；
- 可用于放电产生火花的大型或接地物体。

Johnson 接着引用了一些关于人作为静电点火源相互矛盾的可行性报告，但通过实验研究得出结论，人为静电点火可燃物质所需的能量仅是电容式火花引燃丙酮/空气混合物所需能量的 2～3 倍。此外，任何 MIE 为 5mJ 或更低的蒸气/空气混合物都可能被人点火(OSHS，1999)。建议采用人为产生的静电放电值为 25mJ，尽管也有其他假设从 10～30mJ 不等。

1.4 点火源控制

1.4.1 点火源管理

到目前为止，管理点火源最常用的方法是根据当前可用的各种消防标准建立适当的危险区域分类。然而，这和其他点火控制措施的有效性是有限的。这将在下面讨论。

1.4.1.1 危险区域分类

所有现代石油化工设施的设计都符合一个或多个行业标准，根据预期的易燃环境，对特定区域内允许的点火源类型进行规定。一些常用的英语标准包括国家消防协会(NFPA，2012 和其他标准)、英国标准(BS，2009 和其他标准)和美国石油学会(API，2002)；适用于储罐的各种标准示例如图 1.16 所示。

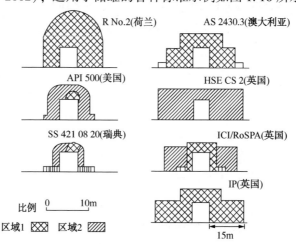

图 1.16 危险区域分类描述(Mannan，2005)

CCPS(2012)也描述了点火控制措施的属性。

在这些标准中，特定位置的环境，将根据可燃气体的出现频率和持久性给予分类。这些标准多年来取得了巨大的成功，尽管就本书而言，它们有两个显著的缺点：

- 它们旨在解决持续或偶然释放(例如，维护活动)，但不是物料重大泄漏；
- 如果始发事件是高能的(例如，坠落物体)，最终点火的同一事件可能会损害装置的完整性。

因此，虽然区域分类是预防点火计划的重要组成部分，但它不是万无一失的。

1.4.1.2　工作许可证制度

假设任何使用本书的企业都有一个积极有效的工作许可证系统，其设计目的是尽量减少热工作业引起的点火危险(如焊接、研磨等)。然而，即使是"一流"的工作许可证系统也不能提供完美的控制——即使在可燃物释放的第一时间停止动火作业，残留的热表面仍可能成为点火源。当交叉作业时(如在打开泵进行维护的区域内，存在其他动火作业)，工作安全分析可以为安全附加保障。

Daycock 和 Rew(2004)引用了有关工作许可证系统失效如何导致本可以避免的点火的统计数据。值得注意的是，他们审查的大约四分之一的火灾/爆炸事件与工作许可证失效有关："在所有审查的事件中，一个常见的主题是：与任务相关的危险在工作前没有得到充分评估"。

工作许可证制度在防止点火方面的有效性很重要，但很难量化。上面提到的统计数字可能不是特别归因于本书读者感兴趣的发生事件的规模。因此，尽管安全管理人员可能有必要考虑到这一点，但这里没有试图量化工作许可证制度的好坏或其他方面的影响。然而，本书中开发的算法确实考虑了更广泛的点火源控制问题，包括并超越了与工作许可相关的问题。

1.4.1.3　车辆限制

一些历史性的火灾和爆炸事件被发现是由于释放区域内有车辆而点火的。至少有两种可能发生这种情况的机制：①气云被吸入车辆的燃烧系统；②气云被车辆上的热表面点火(如发动机或排气系统)。

出于这些原因，适当的做法是对阻止交通车辆靠近运营单位的现场项目给予信贷，或对允许此类交通的地点进行处罚，但在受控情况下除外(例如，动火作业许可证)。

1.4.1.4　控制电点火源

本书中的算法假设所评估的设施具有典型的电气分类和工作许可计划。但原则上应该相信可以实施比通常标准要求更严格的控制，这可以在开发点火预测算法时进行考虑。

同样重要的是控制频繁/连续的静电点火源，例如，在处理碳氢化合物时静电的积聚，电线的存在，或来自衣服、鞋子或地板(特别是在室内)的静电积聚。

正确接地是解决所有这些问题的方法，尽管即使设计合理的电气设备(例如，在正确的位置并有合适的仪器/电缆保护，高压线路的位置)也有可能点燃泄漏物。

在室内泄漏的情况下，Johnson(1980)和其他文献建议使用导电(例如，铅)地板，导电鞋，并且在正常温度下，保持房间的相对湿度高于60%。

闪电也是一种显而易见的点火源，在一定程度上可以通过防雷系统减轻其影响。虽然闪电可能会导致可燃物泄漏，但就本书目的而言，假设闪电与主要可燃物质泄漏同时发生的可能性很小。

1.4.2　减少泄漏量

通常采用一些方法来减少物质的泄漏量，或者控制它，或者以其他方式来降低其蔓延或点火的可能性。这些方法包括：

- 用水或泡沫抑制泄漏；
- 使用水幕或雾来控制泄漏的蔓延；
- 二次围堵，最大限度地减小液池的蒸发量(例如，围堰)；
- 泄漏检测/隔离系统。

这些在CCPS(1997)、Fthenakis(1993)、Murphy(2009)等书中都有描述。

偶尔会有火灾/爆炸抑制系统因静电产生或其他因素导致点火的报告(Britton，1999)。就本书目的而言，假设这些系统被正确的设计和维护，并且最差的情况也仅仅是没有发挥益处。

1.5　蒸气云爆炸概率概述

可燃物泄漏可能会产生各种结果(稍后将在图2.1的事件树中说明)。爆炸是这些可能的结果之一。蒸气云爆炸(VCE)是由扩散的蒸气云在拥挤和/或受限空间内燃烧引起的，该空间内含有导致湍流的障碍物。VCE会产生向周围环境传播的超压波。就本书目的而言，假定爆炸仅在延迟点火时发生，这样才能形成足够大的、未被点燃的蒸气云。

确定是否发生爆炸的变量包括以下内容：

- 燃料的基本燃烧速度；
- 火焰前端发展空间的阻塞程度；
- 火焰前端发展空间的受限程度。

这里的每一个变量越大，爆炸的倾向就越大。最后两个变量很可能取决于泄漏的大小，也就是说，泄漏越大，产生的蒸气云就有更大的机会到达一个或多个足够阻塞/限制的区域以产生爆炸。

基本燃烧速度是燃料的固有特性。阻塞和限制是燃料所泄漏到的环境的属性，但为了开发点火概率模型，可以用一般术语来描述它们。同样，分析者可以使用 CCPS(2010) 中描述的标准爆炸超压模型来确定是否可能发生爆炸。

1.5.1　爆炸通风

如果通风足够，则火焰前端可能不会产生破坏性的超压。在室外泄漏的情况下，当点火的物质膨胀到周围环境中时(假设它没有受到某种过度的限制)，设备之间的足够间距可以提供有效的缓解，这样就不会产生危险的火焰前端速度。

在建筑物内部，可能需要通过机械通风来防止爆炸/爆轰或减小其影响。该讨论仅限于防止工艺设备的外部爆炸，因此这主要可以通过吹气板来实现。如 SFPE 手册(2008)所述：

"最有效的爆炸通风系统是在爆燃早期部署的系统，它具有尽可能大的通风面积，并且可以排放未受限制的可燃气体。早期通风口部署要求通风口以尽可能低的压力排放……通常略大于与风荷载相关的最高预期压差，通常为 0.96～1.44kPa(0.14～0.21psig)。"

如果建筑物的防爆门符合行业标准(如 NFPA 68)，则考虑通风口有可能降低爆炸/爆轰的概率。但是，在对此类措施给予肯定之前，应仔细评估这个问题。(Thomas 等，2006)已经证明 NFPA 方法并不是都适用的，例如，当在具有重大阻塞阵列的空间内产生高速火焰时。

1.5.2　爆炸抑制

通过将抑制剂快速引入(一般封闭的)空间中可以防止初期爆炸。同样，如果可以证明抑制是有效的，那么这些措施可以在爆炸概率计算中应用。

1.6　爆轰概述

可燃混合物的爆轰可以经过一个非常强的点火源直接发生，或者通过爆燃转变为爆轰(DDT)间接发生。这两者区别很大,下面将进行简要讨论。但由于该问题与许多物理和其他复杂性因素相关,爆轰概率的预测不在本书范围。

值得注意的是,化学品的爆轰极限与燃烧或爆炸极限可能不同。但文献中报道的爆轰范围不是很准确,因为最近的试验表明,爆轰范围会随试验设备的不同而发生显著变化。

1.6.1 使用强点火源的爆轰

在这类事件中,爆轰是由一个非常强的点火源引起的,该点火源可以提供数千焦耳或更多的能量,而简单点火所需能量通常小于 1mJ。在典型的流程工厂环境中,这类的点火源应该仅出现在重大电气设备严重故障的情况下。

1.6.2 爆燃转爆轰

爆燃到爆轰,这种现象是火焰加速过程的一种极端形式,但两者在性质上是不同的,这在 Babrauskas(2003)中有详细描述,CCPS(2010)中的描述更为简明。虽然不同观察者对爆轰的精确机理描述有所不同,但它基本上都涉及一个不均匀的燃烧过程,并且此过程中在火焰前端形成不稳定的交叠和波浪,它们相互叠加,最后形成冲击波。CCPS(2010)描述了该过程的两个版本以及由此产生的不稳定性。

1.6.3 邦斯菲尔德事故

英国邦斯菲尔德炼油厂爆炸[Health and Safety Executive(HSE),2012]是一个案例,由于对爆轰是否实际发生存在争议,在一段时间内该事故无法被解释。所提出的解释具有指导意义,但这类事件太过异常,本书描述的点火概率工具不能确定其可能性。

1.7 其他点火话题——氢气

氢气因其广泛的应用、极低的点火能量(参见前面的 MIE 讨论)和较高的基本燃烧速度(可以促进破坏性的爆炸超压)而成为人们特别感兴趣的主题。氢气的独特之处在于,人们对特定情况下其可燃性有着广泛不同的实际经验(或观点)。

1.7.1 点火机理

值得注意的是,氢气点火的模式仍然存在争议,并且已经提出了一些机理,可能适用于开放环境中的泄漏：

静电点火——火花、刷形放电和电晕放电引起的点火都归因于氢气点火事件。有趣的是，Gummer 和 Hawksworth（2008）发表了一篇评论："*多年前在氢气通风口上进行的研究……表明在晴朗的天气里点火是很少见的，但在雷暴、雨夹雪、降雪和寒冷的霜冻之夜点火更为频繁*"。

与 Joule–Thompson 效应相反——氢是一种不寻常的化学物质，当它被减压时，它的温度会上升而不是下降。但这种温升一般是有一定限度的，因此通常不足以使氢气达到其 AIT。

热表面点火——如前所述，材料被热表面点火通常需要比 AIT 高得多的温度。从氢的实验来看，此规则是成立的。

传播点火——实验记录了在激波管环境中，氢气和氮气 3∶1 的混合物质达到 2.8Ma（马赫，1Ma = 340.3m/s）的情况下，在 575K（1K = −272.15℃；远低于氢的实际 AIT）的混合物的点火情况。这可能类似于高压氢泄漏的情况，尽管在这种情况下还不清楚哪种点火是由这种机理产生的，还是由于其他前面所述的机理产生。详细信息请参阅 Wolanski 和 Wojcicki（1972）。

绝热压缩/湍流——在这种情况下，泄漏点处或附近设备的几何形状会驱使气流压缩，形成冲击波，Dryer 等（2007）的第 1.3.3.6 节有所描述，Hooker 等（2011）有所重述。Britton 等（1986）讨论了乙烯/氧气系统中返混在这种机理中的重要性。

Gummer 和 Hawksworth（2008）总结了 2007 年的工作，他们称，提出的机理不能解释所报道的氢气点火（或未点火）现象。他们列举了一些具体事件（参见第 3.7.3 节），那些点火发生在有阻塞的释放，而不是无阻塞释放。这与 Dryer 等（2007）和 Hooker 等（2011）所观察到的相似，他们归因于在泄漏点附近存不存在湍流，并且可能符合上面所述的绝热压缩机理。

Swain 等（2007）进行了一些实验，他们注意到一些氢浓度和释放速度的组合，这些组合中，混合物是"易燃的"，但是没有发生点火或者没有持续点火。这是因为局部火焰速度不足以燃烧回氢气源，导致火焰向外燃烧，直到氢气不足。

Bragin 和 Molkov（2011）回顾了上述大部分研究，并提供了一种计算流体动力学方法来分析与"冲击波"有关的点火机理。

1.7.2 氢气点火的其他话题

Zalosh 等（1978）对早期实际工业氢气燃烧事故的回顾将在第 3 章中详细讨

论。数据表明，绝大部分氢气泄漏后被点燃，其中约三分之二是爆炸性的。但是，除了不了解周围的环境是否会使泄漏具有爆炸性之外，报告中没有任何建议可以消除数据偏差，也就是说，火灾事件的报道频率比没有点火的事件更频繁，或者爆炸事件的报道频率比火灾事件更频繁。出于这个原因，人们可能会认为Zalosh 的结果是燃烧/爆炸概率的上限。

Molkov(2007)提供了关于氢气的点燃/安全这些现象的综合观点。除了上面讨论的许多参考文献，Molkov 还观察到：

虽然氢的 MIE 实验值相对较低，为 0.017mJ，"在较低的燃烧浓度极限下，氢气点火所需的能量与甲烷相似"。因此，氢气可能不像据报道的 MIE 假设那样容易点火。有人甚至可能认为立即点火的有效 MIE(氢浓度最高时)应该被视为低于延迟点火的有效 MIE(在氢浓度下降至接近 LFL 之后)。

"压力高达 1000atm(1atm = 101. 325kPa)的气态氢储罐和罐车的特点是自燃的可能性很高……如果不采取特殊措施的话"。

氢点火似乎有许多机理。点火本身似乎高度依赖于泄漏点附近的环境因素，不同泄漏的情况差别非常大。这种差异可能在氢点火研究中得到了解释，人们有着各种经验，但在分析中却引入了更大程度的不确定性。在氢气分析中包含所有可能的变量似乎是不切实际的，如果除了泄漏环境之外没有其他原因可以改变这些条件，则选择正常的物理环境。那么人们可能会提出一个论点，设备损坏导致的泄漏或者其他具有导致湍流-激波的流动路径的泄漏，点火的可能性更高，而以不变模式泄漏到开放环境中(例如，通过清洁的限流孔板)则不容易被点燃。

2 评估方法

2.1 概述

这一章介绍了用于评估点火概率的算法。这些算法是在三个级别的复杂程度上呈现出来的，并且具有以下预期的用途：

第一级（初级）分析——适用于 PHA 风险矩阵应用，可能也适用于 LOPA 和 FMECA。

第二级（中级）分析——适用于 LOPA、FMECA 和筛选级的定量风险评估。

第三级（高级）分析——适用于 QRA，与成本效益分析以及详细的后果分析相关，频率也将被分析。

用户可以选择使用比上述建议更高一级的算法。在很多情况下，相比较所带来的收益，可能不值得付出额外的努力。但在"非典型"的情况下（如极高或极低的化学品 MIE 值），为了达到一个足够精确的结果，可能需要提高分析等级。不建议用户使用较低级别的算法，除非在执行临时或筛选级别的分析时（后续将进行修订）。

接下来的算法是基于第 3 章中详细描述的文献，以及在文献中存在差距或不一致时的专家判断。除了第 3 章中引用的模型以及这里提到的模型之外，还有一些特殊的点火概率方法，可能适用于超出本书范围的用户。

2.1.1 事件树

在大多数情况下，一个给定的初始事件会有许多结果，这取决于事件发生时的情况。事件树方法是一种用于量化每个结果的频率的通用方法。事件树通常从左到右读取，从一个"初始事件"开始，然后发展到多种结果。图 2.1 展示了用于风险评估的典型的事件树。

可能需要在事件树中插入额外的分支。例如，可以增加一个额外的分支来考虑风向，由于点火源的原因，阻塞/受限区域和/或受体建筑可能不会出现在远离源的某些方向上。在第 1.2.7 节和第 4.1.3 节中也讨论了类似的情况。可能需要额外的分支来解释主动防护系统的工作或故障。即便如此，图 2.1 中所示的事件树基本形式仍是有用的，可以根据需要进行修改，以适应其他相关的参数，并阐述了算法基础。

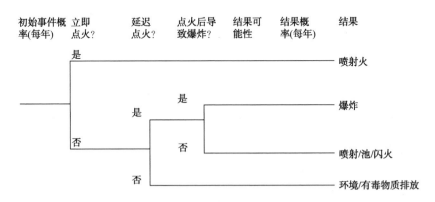

图 2.1　用于计算物料损失后果频率的事件树

在这种最简单的形式中，事件树没有考虑额外的复杂性，例如，气象条件。一些更重要的结果频率可以按如下方法量化。注意，贯穿本书的术语"概率"应该解释为"条件概率"，即先前事件已经发生情况下的后续的事件发生概率。基于此，可以量化如下项：

爆炸概率＝初始泄漏概率×(1-立即点火概率)×延迟点火概率×
延迟点火导致爆炸的概率

火灾的概率(没有造成爆炸)＝初始泄漏概率×[立即点火概率+
延迟点火概率×(1-延迟点火导致爆炸的概率)]

未点火的释放概率＝初始泄漏概率×(1-立即点火概率)×(1-延迟点火概率)

见图 2.2 的阐述。注意，如果在爆炸发生后发生火灾，必须单独考虑。

2.1.2　事件树中使用的失效概率数据

有许多公开和私有的失效率数据库，本书不支持任何单一资源。有些资源在某些应用中比其他会更合适。在 CCPS《工艺装置内建筑物的外部火灾、爆炸和有毒物质泄漏评估指南》(CCPS，2012b)这本书中对公开可用的失效率数据库进行了全面的回顾。

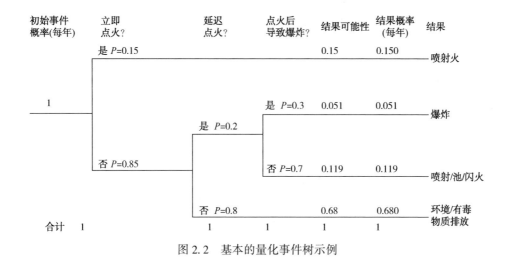

图 2.2　基本的量化事件树示例

2.1.3　事件树的量化

本章剩余部分将运用第 1 章所述的概念和第 3 章中所讨论的数据源，来对传统流程行业应用的基本事件树进行量化。有一些典型的复杂情况，例如，第 3 章里提到的很多参考资料中并没有将立即点火概率和延迟点火概率分开，而是简单地记录了总的点火概率。但这些及其他挑战都可以通过仔细阅读资料来源来想出合理的、可信服的解决办法。

2.2　影响立即点火概率的因素

有几个变量已经被某个或多个文献确定为与预测立即点火概率(POII)有关。其中一些变量是不言而喻的——例如，如果一种物质泄漏时的温度比它的自燃点温度还高得多，那么它应该会被点燃。接下来讨论的变量优先级是由变量对 POII 的明显重要性决定的，而不一定是由讨论它的来源数量决定的，因为许多文献只涉及了 POII 整体问题的一小部分。

有一些类型的点火源超出了本工具的处理范围。其中一个例子是高能泄漏事件的高点火概率，如灾难性的设备失效或撞击(物体坠落或管道挖掘事故)。这类事件的评估，最好由分析人员进行判断，而不是用本书中的算法。

2.2.1　相对于自燃点温度的泄漏温度

在本书中，假设自燃仅仅是泄漏物质工艺温度和自燃点温度的一个函数；也就是说，在泄漏点没有外部的热表面或火焰存在。正如第 1 章所指出的，物质在开放环境中的自燃点温度与实验室测试的有很大不同(通常是较低的)。但美国石油学会(API)发布的基于风险的检测(RBI)中，假设只有泄漏温度高于自燃点 80°F 以上才会发生自燃，这时自燃是确定的(可能性 = 100%)。这种明显的不一致反映出了人们对泄漏时会发生冷却的预期。

由于曾观测到在自燃点(AIT)以下温度时的自发性火灾情况(如，当接触到绝缘材料等高-表面-区域时)，以及在 AIT 以上温度时的未发生自燃的情况，Moosemiller(2010)使用了一种更细致的方法。这篇文章中提出，当温度低于 0.9 倍的 AIT[AIT 以华氏度(°F)来衡量]时，不会发生自燃，当温度高于 AIT 的 1.2 倍时，肯定会发生自燃，当物质泄漏温度在 0.9 ~ 1.2 倍 AIT 之间时，自燃发生的概率在 0 ~ 1 之间。在这个范围内，自燃概率：

$$P_{AIT} = 1 - 5000\,e^{-9.5(T/AIT)} \tag{2-1}$$

这里 T 和 AIT 都是以华氏温度来计。后者的关系式似乎考虑得更周到，尽管这种方法在不期望出现这种行为时可以通过合理的修改来排除低于 AIT 的自燃。

注意，这个方程在温度低于 0°F 的情况下是不成立的。还需要注意的是，这类关系式以及本书中其他的很多关系式都是为达到预期而设计的，没有直接的理论基础。点火概率不是一个基本属性，因此没有必须或期望的温度，例如，可以用开尔文温度等绝对值来表示。

2.2.2　泄漏物质的最小点火能量(MIE)

很多文献建议 MIE 是评估可燃物质泄漏"被动点火"的最重要的参数，尽管几乎所有人都是用具体的化学物质来讨论 POII，而不是用具体的 MIE 来讨论。从最初的来源角度来看，这种方法具有优势，因为用具体的化学物质描述 POII 可以将所有化学性质"捆绑"到单个的 POII 输出中。

本书开发的工具必须处理大量的物质，因此必须调用基本的化学性质，而不是化学物质清单。针对特定化学物质的 POII 可以提供一些指导，同时承认除 MIE 以外的其他化学性质。表 2.1 中进行了一些比较。

表 2.1 中的值表明，POII 与 MIE 的 0.6 次方成反比。这可以与 Moosemiller 提出的方法相比较，即 POII(假设没有自燃)与 MIE 的 2/3 次方成反比[式(2-2)中，MIE 的单位是毫焦(mJ)，p 的单位是磅力每平方英寸(psig)]：

$$POII_{如果未自燃} = 0.0024 \times \frac{p^{1/3}}{MIE^{2/3}} \tag{2-2}$$

表 2.1 作为物质泄漏的函数的立即点火的推荐概率

物质	近似 MIE/mJ	推荐 POII	POII 来源
氢气	0/015	0.25[1]	Jallais
$C_1 \sim C_2$	0.27	0.1	API RBI
海上平台产天然气	0.25	0.1	Spouge
$C_3 \sim C_4$	0.26	0.05	API RBI
C_5(液态)	—	0.02	API RBI
C_5(气态)	0.22	0.05	API RBI
$C_6 \sim C_8$(液态)	0.25	0.02	API RBI
$C_6 \sim C_8$(气态)	0.25	0.05	API RBI
$C_9 \sim C_{12}$(液态)	1	0.01	API RBI
$C_9 \sim C_{12}$(气态)	1	0.02	API RBI
$C_{13} \sim C_{16}$	假设 10	0.01	API RBI

① 表示特定泄漏情况的几种模型组合，详见第 3 章。

式(2-1)假设所有其他变量对所有化学物质都是相等的。虽然几乎肯定的是事实并非如此(例如，处理氢气时的平均压力与处理重烃的平均压力可能不同)，但为了支持 MIE 的重要性，MIE 和 POII 之间的这种关系是一个实际而必要的输入。

正如在第 1 章关于氢的讨论中所指出的，这种物质有许多不确定性并且有着关于其可燃性的各种奇闻轶事。这里鼓励分析人员使用公司特有的知识，而不是本书中有足够历史证明可以替换它们的算法。

2.2.3 泄漏物质的自燃

如果物质具有高度的自燃性，那么可以假设其在泄漏时就会点火。

2.2.4 释放的压力/速度

一些文献都引用了泄漏压力(以及泄漏速度)与 POII 有关的说法。研究人员人为压力/速度很重要，并将这种关联性归因于以下一个或多个影响：

- 压力更高，产生的静电就更大(Swain 等，2007)，尽管人们注意到，除非伴随着颗粒，否则蒸气泄漏可能不会有电荷(见下条)。
- 更高的压力/释放速度可以产生更多的颗粒(如，管垢)，或者在液体泄漏的情况下，可能作为点火源的颗粒(Prattle，2000)。

- 释放速度超过一定速率(也许是火焰速度)时会导致火焰"熄灭",在这种情况下,观察不到立即点火(Swain 等,2007;Britton,1990a)。但不同的研究人员有不同的结果,有些记录了在非常高的压力下点火,有些则记录了在较低压力下的熄火。
- 在某些情况下,在泄漏的出口点上可能有易燃化合物形成,并且可以作为一个点火源。但如果这些化合物存在,它们也仅在很低的压力(在泄漏快结束时被观察到)下有效,这时空气可以返回到它们。出于本书的目的,我们假定在这种机理下,压力是足够低的,可以发生点火,因为本书不致力于研究泄漏。

大多数的这些研究都是用氢进行的,它们对其他物质的适用性还尚不清楚。Moosemiller(2010)中所包含的 1/3 次幂的压力关系,见式(2-2),即假设了它适用于所有的物质,尽管这一关系的基础是基于事件的信息,而不是"硬"数据。同样,参阅下一节中关于液滴大小的讨论。

英国能源研究所(UKEI)也讨论了自燃,并采用了在早期工作中使用的相关性,即自燃的概率与质量泄漏速率成正比,与非闪蒸情况下压力的平方根成正比。我们可以正确地认为,泄漏速率与泄漏孔径的大小和压力有关;这在本书的延迟点火算法中进行了考虑,但在立即点火时没有考虑,因为我们认为压力的静电影响在立即点火时是主导因素。

2.2.5 液滴粒度

Lee 等(1996)、Britton(1999)和 Babrauskas(2003)考虑了液体喷雾颗粒尺寸的相关性,从某种意义上来说,它影响了 $MIE \alpha D^n$ 的幂的关系,这里" D "是指颗粒直径。不同的文献将"n"设定为 3 ~ 4.5 之间。基于 Babrauskas 数据,在 40 ~ 150μm 的范围内,液滴大小与 MIE 的关系呈现以下关系:

$$MIE \alpha (液滴粒度)^{3.4} \qquad (2-3)$$

Britton(1999)引用了"简单化学反应系统"模型,它将 MIE 与粒子直径的立方体联系起来。

$$MIE \alpha (泄漏压力)^{-0.3} \qquad (2-4)$$

液滴直径并不能立即提供给分析师,但在理想情况下与泄漏压力成反比。因此,可以认为 MIE 有以下的关系:

$$MIE \alpha (泄漏压力)^{-0.3} \qquad (2-4)$$

Lee 的数据表明,**在式(2-3)中描述的关系有一个较低的直径限制**,这是有道理的,考虑到在某种程度上,雾是非常精细的,它会像蒸气一样有效发挥作用。基于对液体和蒸气的 MIE 比较,当液滴尺寸减小到大约 20μm 时,上述关系是适用的。低于 20μm,雾会表现出蒸气的行为。

对于液相大孔径的泄漏,需要非常大的压力(几千磅力/平方英寸)才会得到均匀的 20μm 直径以下的液滴。为了本书开发的用途,认为喷雾的 MIE 等于物质蒸气的 MIE 乘以一个因子,这个因子与基准 20μm/10000psig 有关,即

$$MIE_{液相} = MIE_{气相} \times (1000/p)^{0.3} \tag{2-5}$$

也可能有微米大小的液滴,通过过饱和蒸气的突然冷却被点燃,但这一现象超出了本书的范围。

2.2.6 颗粒的存在

多位作者已经提出,在易燃物质泄漏中,颗粒物是立即点火源。这些颗粒据推测是在易燃物质泄漏过程中产生的(如,来自管道的垢)。某公司(私下交流)也特别提出,当承载设备失效、可燃物质泄漏的时候,这个过程中微粒会出现且伴随着可燃颗粒泄漏。目前尚不清楚,在给定的事件中,是否能够预测出颗粒物的水平,而且在很大程度上,颗粒物的释放可能与已提到压力等变量有关。因此,本书中对微粒问题没有给出特定的 POII 修正建议。

2.2.7 泄漏点附近的设备配置与方向

参与氢气的研究人员(Dryer 等,2007;Duarte 等,1998;Britton,1990a;Gummer 和 Hawksworth,2008)特别指出,点火概率可能受到在泄漏点或附近设备的配置的影响。两种相互矛盾的机理如下:

- 狭窄的泄漏点会导致气流的波动和/或形成一个冲击波,在任何空气中都有可能导致点火。
- 非常长/窄的排放可以防止任何初期火焰前端产生的热量而引起的点火。

这种可能对最小的泄漏有影响(例如,法兰泄漏)。然而,这些较小的泄漏不是本书研究的重点;因此,虽然这种现象可能存在,但这里不考虑。

2.2.8 泄漏温度(与其 MIE 的影响有关)

Babrauskas(2003)记录了温度对 MIE 的影响,如第 3 章所述。对蒸气泄漏的影响比液体泄漏的效果要小:

$$MIE_{气相} = MIE_{气相, T_{ref}} \times \exp[0.0044(T_{ref} - T)] \tag{2-6}$$

$$MIE_{液相} = MIE_{液相, T_{ref}} \times \exp[0.016(T_{ref} - T)] \tag{2-7}$$

这里的温度单位是华氏度(℉)。

如果在压力或温度发生较大变化的泄漏中考虑这种影响，那么应该使用理想的点火源的温度，而不是工艺温度。

2.2.9 泄漏的相态(API RBI)

基于专家判断的 API RBI 协议，对同一物质液体和蒸气的 POII 处理方式不同，通常归结为，蒸气泄漏的 POII 比液体泄漏的 POII 高 3 倍。因为没有具体的引用数据来支持此观点，所以认为针对泄漏相态的 MIE 使用相态-特定数值来处理更精确。

2.2.10 闪点和泄漏速率(TNO)

TNO 根据这些输入形成了一个 POII 表。然而，因为其他调查人员在考虑立即点火时没有提到，并且它们大多与其他参数有关，比如已经合并的压力，所以它们在这里没有单独用于 POII。

2.3 延迟点火的影响因素

正如对立即点火概率做的那样，接下来将讨论影响延迟点火(PODI)的主要变量。最初的讨论将基于户外泄漏；室内的泄漏将在本节末尾讨论。

2.3.1 点火源的强度和密度

许多调查人员对点火源的"强度"和"密度"的相关性进行了评论。点火源的"密度"概念很明确，但在点火概率文献中"强度"的使用更直观，比如电势或能量。点火源强度经常被描述为点源或者区域源。如果有多个点火源，那么点源的方法很难应用，因为不能将每个个体的贡献简单地相加，而不考虑其他某个点火源点火的可能性。

从数学上讲，这可以简单地描述为

$$P_n = P_{n-1} + P_i(1 - P_{n-1}) \tag{2-8}$$

这 P_n 是被评估的"n"点火源的 PODI，P_i 是在没有任何其他点火源的情况下的独立点火源 PODI。然而这种简单的关系掩盖了大量的点火源进行计算的复杂性。

在工艺装置中可能存在数百个潜在的点火源，处理他们是很复杂的，因此区域源或线源的方法经常被使用。第 3 章为各种点源和区域源提供了估计的点火源强度；表 2.2 中提供了各参考文献的总结。

表 2.2　不同点火源点火强度

点火源类型	点火源	长度"S"	来源
点	火焰加热	0.9	Moosemiller
	沸腾(外部)	0.45	TNO
	沸腾(内部)	0.23	TNO
	火炬	1	TNO、HSE
	摩托车	0.3	TNO
	轮船	0.4	TNO
	柴油车	0.4	TNO
	电车	0.8	TNO
	热表面	下表详细讨论	
线	高能电线	0.01×云覆盖区域的电线长度(ft)	TNO、Moosemiller
	路(云覆盖区域已知)	$1-0.7^v$(v=云覆盖区域的平均机动车辆数)	Moosemiller
面	工艺单元(云覆盖区域已知)	0.9×工艺单元占可燃云覆盖区域比值	Modified TNO
	居住区(云覆盖区域已知)	$1-0.99^N$(N=云覆盖区域的人口数)	Modified TNO、Moosemiller
	高密度工艺区(室外)	0.25[①]	UKEI/HSE
	中密度工艺区(室外)	0.15[①]	UKEI/HSE
	低密度工艺区(室外)	0.1	UKEI/HSE
	无设备的密闭空间	0.02	Moosemiller
	工艺区的露天存储区	0.1	HSE、Moosemiller
	较远的露天存储区	0.025	假设，相对于前一行
	办公区	0.05	UKEI

注：原始数据为室内操作提供了数值。对于室外作业来说，这些设备的比例已经降低了大约2倍。

请注意，表2.2中值的选取认为可燃气云与点火源相接触。因此，举例来说，地面泄漏可能几乎总被地面火炬点火(在表2.2中"点源/火炬"强度=1.0)。而同样的泄漏可能永远不会被高架火炬点火，因为在这种情况下，不应该考虑点火源。

同样的，定义明确的可燃气云可能进入阻塞的工艺区域，但是没有遇到大量的点火源。如果泄漏位置提高，并且保持这个状态，就会可能发生这种情况。比如在第4.3.5节中给出了一个例子。在这种情况下，分析师可能会选择对点火源的可用性进行降级，比如从"中等密度的工艺"降到"低密度的工艺"。然而，这样做的决定应该被记录下来，以确保这一方法的应用与下次分析的一致性。

还要注意的是，这些建议的值是广泛泄漏化学物质和泄漏情况的平均值，且个人位置体验可能是不同的。例如，有一个地方发生了点火，两次都发生在易燃云与高功率线路相接触的时候。这可能暗示了高能量线，或者泄漏的物质的某些特殊的东西，或者仅仅是坏运气。

表2.2中的点火源强度通常表述为可燃气云暴露在点火源1min的点火概率；然而，情况并非总是如此。在1min的时间内，实际的点火概率也将取决于其他因素，主要是点燃泄漏物质的容易程度。但在文献中对点火"强度"的普遍使用，基于1min的点火"力量"值是合理的。

热表面——一些调查人员（API，2003；Hamer等，1999；Duarte等，1998）研究了热表面作为泄漏后自动点火的问题。热表面可能是由于以下几个情况出现，高速运转设备（如，马达），热工艺管道（如，高压蒸气），热反应器（如，炼油流化床催化裂化催化剂再生器）等。要注意的是，必须有足够的热表面积来维持热量供给热表面周围的气流；因此，像马达这样的设备可能是这个工具所描述的最小的实际热表面。暴露的时长和在热表面的速度也很重要。API数据表明，点火通常发生在 AIT 附近且大约1min暴露在热表面；缩短暴露时间和提高风速需要更高的温度。后一种现象可能是由于在热表面上传递的物质没有足够的时间到达它的 AIT。

对于其他点火源的持续时间的影响，下面做一个简短的讨论。与表2.2中类似的热表面点火源的强度可表述为

$$S = 0.5 + 0.0025\,[\,T - AIT - 100(CS)\,] \tag{2-9}$$

这里 T（热表面的温度）和 AIT 单位是华氏度（℉），可燃气云速度（CS）的单位是米每秒（m/s）。值得注意的是，可燃气云的速度与记录的通过任何途径泄漏喷射部分云的风速是一样的，但如果热表面暴露在泄漏的喷射部分，那么它的速度可能会更高。用这个方程得到的 S 值的最小值为0。

点火源的控制——一些作者将点火控制的有效性结合在一起。Spencer等人（1997，1998）提供了不同的点火源强度，为了将范围控制在从"无"到"理想"，从"差的"到"好的"。"好的"和"差的"的区别通常是2的POI因子，尽管对于一些点火源来说，差异更极端。Daycock和Rew（2004）定义了以下类别的控制：

"典型的"——对于典型的危险装置来说，控制水平被认为是最接近现实的；

"好的"——实际控制的最高水平；

"差的"——在实践中可能发生的最低限度的控制。

这些类别在一定程度上是凭经验的，因此用户应该能够根据实际情况很好地对其进行定义，以确保现场与现场的应用的一致性。虽然这些术语都是主观的，这本书允许用户提供改进。然而，客观地评估泄漏当时以及未来某时间某点的控制水平所遇到的困难是充满不确定性的。因此，在"好的"与"差的"之间推荐了限制因子"2"。

2.3.2 暴露时间

通常，讨论点火源强度会结合持续时间一起。大多数研究人员采用以下点火源强度和持续时的关系：

$$P_{设计} = 1 - k \times e^{-at} \tag{2-10}$$

式中　k——强度常数；

　　　a——时间常数；

　　　t——暴露时间。

查阅这一课题相关文献后，Moosemiller(2010)得出结论，k 与 a 都与点火源强度有如下关系：

$$K = 1 - S^2$$

$$a = S$$

因此　　　　　$$P_{设计} = 1 - [(1 - S^2) \times e^{-St}] \tag{2-11}$$

T 的单位是(min)。这是 Spencer 等人(1997，1998)所开发的一种更简单的关系，但更适合于为本书开发的算法类型和应用。

2.3.3 泄漏速率/泄漏量

许多研究人员已经对泄漏速率与点火概率之间的关系进行了评论。这不是叠加，如果没有别的，泄漏越大产生的蒸气云也越大，可以接触更多的点火源。在开创性的工作中，Cox 等人(1990)开发了 PODI 与泄漏速率相关的基于数据的数学关系，目前仍在广泛使用于海上液相和气相事件。

Ronza 等人(2007)考虑了运输车辆的泄漏，并表示出点火概率(POI)作为泄漏总量的函数。同样，泄漏越大点火概率越大。

其他人开发的关系通常表现如下：

$$POI = a \times (泄漏)^b \tag{2-12}$$

推荐的一些常数如表 2.3 所示。

表2.3　泄漏量与点火概率的幂次常数关系

数据源	基础	幂律函数"b"
Cox 等人(气态)	速率	0.642
Cox 等人(液态)	速率	0.393
Ronza 等人	体积	0.3
Crossthwaite 等人	速率/体积	0.5

奇怪的是，其他最近的海上数据(Thyer，2005)表明了泄漏速率与点火概率呈负相关性。这反映出，在 Cox 等人的数据之后点火源的管理更加严格，或者陆上和海上作业之间的定性差异(这就是为什么这本书不是针对海上应用的原因)。不管怎样，其他所有条件相同的情况下，与陆上设施相比，海上设施的泄漏速率和点火概率之间的关系不是那么显著，因为气云的足迹途径海上设施点火源是有限的。

在一些不一致的情况下，但泄漏越大产生的可燃蒸气云也越大(泄漏没有被围堰等包含)，下面的关系被提出：

$$PODI_{液相}\quad \alpha\ (泄漏量)^{0.3} \tag{2-13}$$

$$PODI_{气相}\quad \alpha\ (泄漏量)^{0.5} \tag{2-14}$$

泄漏量大小随泄漏孔径的平方而变化，那么与孔径大小的关系如下：

$$PODI_{液相}\quad \alpha\ (孔径)^{0.6} \tag{2-15}$$

$$PODI_{气相}\quad \alpha(孔径) \tag{2-16}$$

2.3.4　泄漏物质

与讨论 POII 时的许多相同的原因，泄漏物质对 PODI 有明显的影响。首先，泄漏物质的挥发性会影响其扩散距离。其次，一旦物质遇到点火源，它点火的容易程度将决定点火的可能性。

在某种程度上，挥发性问题将由用户的点火源输入进行处理——如果云无法到达点火源，就不应该考虑该点火源(请注意这超出了本书的范围，需要提供扩散模型作为指导)。由于云的扩散性(如，物质蒸气的压力等)和它被点燃的倾向(如，MIE 所表示的)都是有强关联的，在这种情况下，将这些因素结合成一个参数是可取的。为此，我们选择了 MIE。

API RBI(API，2000)开发了 PODI 表，可以作为定义 MIE/PODI 关系的基

础。这种关系大致可以描述如下：

$$PODI \sim 0.02 - 0.23\log(MIE)$$

Moosemiller(2010)也开发了这样一种相关性，可以表示如下：

$$PODI \sim 0.18 - 0.26\log(MIE)$$

本书支持一种倾向于针对典型情况预测较高点火概率的选择方案：

$$PODI = 0.15 - 0.25\log(MIE) \tag{2-17}$$

用该公式定义的 $PODI$，最大值为 1，最小为 0.001。

2.3.5　泄漏相态/闪点/沸点

许多调查人员已经提到，物质的泄漏相态(或泄漏后最终状态)与 POI 有关。然而，在前面提到的因素中反映了导致液相和气相点火可能性有明显差异的原因，如 MIE，形成液池(限制生成气相的表面积)，等等。因此，除了在第 2.2.8 节中讨论的相态对 MIE 影响之外，泄漏相态不会导致其他参数的变化。

然而，第 1 章中提到物质的沸点与其他的参数有关，如闪/燃点、蒸气压，以及间接的燃烧极限。在其他条件相同的情况下，高沸点物质的点火概率要比低沸点物质低。

虽然不完全是这样，但至少在一些特定的化学品类别中，沸点也可能与 MIE 或 AIT 有关，这就提高了任何可能被无意引入到其他修正因子的沸点因子的可能性，这些修正因子也会受到沸点的影响。因此，它的重要性不应被夸大。

还有其他的一些因素。例如，原则上，点火的概率可能与可燃蒸气云的面积或体积有关。但是这种关系不太可能是线性的，例如，较远的点火源点燃云团的机会比更近的点火源要小，由于更近点火源的点火，使得更远的点火源无法点火。

总而言之，相对于物质泄漏的温度而言，假设点火概率与物质的沸点或燃点有关，是很方便的。利用沸点作为物质性质的参考，可以更直接地与其他化学和扩散特性相联系，但闪点是更直接的度量可燃蒸气云形成的能力。因此，本章后面推荐的输入条件可以任意输入使用。

2.3.6　泄漏点至点火源的距离

泄漏点与点火源之间的距离是一个很明显的因素，但在考虑输入时，受其他输入(如，泄漏量)和用户判断(泄漏物质不会到达点火源，则不输入点火源)影响。因此，本书没有进一步考虑。

2.3.7 气象条件

当前的天气状况会影响 PODI，影响蒸气云的扩散。湿度与之有一定程度的关系，但在文献中不认为是重要因素，除非室内操作涉及具有高压静电的化学物质的操作。前面也提到过，风速也被认为与热表面的点火有关。

这些特性中的每一个都隐含在其他某个参数的讨论中，或者不在本书的研究范围。因此，除了前面提到的和后面讨论的室内操作之外，将不考虑气象条件。

2.3.8 室内事件

一些调查人员考虑了室内点火与室外点火的可能性对比，并对这两种环境差异进行了定性的评论。目前还没有已知的数据支持对室内事件单独量化，但人们相信他们之间是不同的，且受不同的变量支配，所以在缺乏实际数据的情况下考虑专家意见是很有用的。

关键变量主要包括：
- 泄漏的物质(挥发性、可燃性、静电特性)；
- 泄漏速率对比通风率；
- 可燃气体检测仪与应对/响应策略；
- 湿度；
- 空间处于活跃状态的时间比例；
- 点火预防措施已就位。

2.3.8.1 高级别分析

基于对泄漏受限和持续性的考虑，Moosemiller（2010）建议使用一个简单的"2"关系来解释室内操作和等效的室外操作。当然，真实的乘数高度依赖于就地控制，如电气分类，通风等。

2.3.8.2 泄漏的物质

在大多数情况下，人们会认为物料性质和室外泄漏时一致的。对于一些室内操作，由于人为静电放电，会产生额外的点火源。这个概率显然与 MIE 有关（前面讨论过），并将被处理。除其他室内其他点火源外，人也是潜在的点火源。

2.3.8.3 人为点火

尽管室内其他点火源已被有效消除，人也可以作为火源。据报道，通过静电放电点火比实验室 MIE 所建议的要更难实现。Johnson（1980）和其他一些人注意到，静电点火需要比 MIE 更大的点火能。Johnson 发现在静电放电发生点火最低需要 2.4 倍的 MIE；其他人则提出了一个范围 60~100 倍 MIE。

Johnson 列出以下额外的相关因素：

- 可燃蒸气/空气在狭窄的浓度范围内混合；
- 操作人员产生充足的静电电荷；
- 操作人员身上具有充足时间段的电荷累积；
- 放电到大的或接地的物体上。

在没有任何通风的修正时，由于封闭的空间，认为室内泄漏的点火概率大约是室外释放的 2 倍。并认为在静电放电低于 2 倍 MIE 时不会发生静电点火。

狭窄的浓度范围在第 3 章中，通过举例说明了人员静电点火需要多窄的浓度范围。基于在事件的预期发展过程，有假定 20% 的事件在点火源(人)位置存在以上条件。

电荷产生——在泄漏事件中，操作人员可以通过任意的活动产生静电放电。假定这些条件总是存在的。

电荷储存——根据 Johnson 的研究，在 70℉、相对湿度 60% 时就能避免静电点火，因为电荷会由于表面电导率的增加而导向地面。因此，假设室内操作通常在 70℉，则：对于相对湿度低于 60% 时 $PODI_{人员} \alpha [100-1.5\times相对湿度(\%)]$。

电火花——假定电火花总是可能的，除非使用防火花地板。如果有防火花地板存在，那么火花放电将被认为是不可能的。

2.3.8.4 泄漏速率对比通风速率

泄漏速率和通风速率之间的差异影响到可燃浓度范围内的蒸气云存在或持续存在的相对概率。实际的浓度分布可以通过假设通风空气与现有空气和泄漏的物质立即混合来相对容易地计算出来。也有很多更好的工具，例如，基于计算流体动力学(CFD)的工具。

CFD 或类似的方法可用于确定建筑物内的浓度分布。然而，整如室外泄漏一样，浓度分布与点火概率之间没有直接关系。文献中只有一次尝试来量化这种关系，那就是 Moosemiller 提出的"推测"模型。这个模型在附录 B 中讨论。

2.4 在延迟点火条件下，影响爆炸可能性的因素

这个问题在文献中很少被讨论，可能是因为爆炸倾向主要是由工厂布局考虑控制的，而分析人员通常无法影响这些考虑。

爆炸的可能性受到以下因素影响：

- 云被点燃区域的阻塞和限制程度；
- 燃料点火后爆炸的倾向性(基本燃烧速度)；
- 是否存在爆炸释放或抑制系统。

参考其他 CCPS 书籍中描述的各种方法(例如，CCPS 2010)，前两个因素与冲击波速度有关。冲击波的速度决定了是否发生了"爆炸"。阻塞和限制对爆炸可能性(以及严重程度)的影响很大程度上依赖于空间考虑，这超出了本书范围。因此，本书没有给出爆炸概率的严格模型。在附录 B 中提供了一个模型用于评估在给定阻塞和限制必要先决条件时爆炸发生的可能性。

2.5 变量间潜在的互相依赖关系

可以认为，这本书中的变量和算法有可能干扰本书范围外的相关工具。这在与泄漏后果相关的输入中最为明显。其中一个问题是可燃气云被点燃时的阻塞和限制程度，如第 2.4 节所述。

其他可能的复杂因素包括：

泄漏速率——一些研究人员已经注意到泄漏速率和点火/爆炸概率之间的关系，并且这个输入被包含在本书的模型中。但在后果建模中使用了相同的变量，原则上这些可以通过评估可燃气云与特定点火源的接触概率来调整点火概率。因此，通过乘以工具中计算的概率以及工具外的后果模型或事件树(风向)得到的概率，有可能低估点火的概率。同样重要的是，衍生算法的数据源中也隐含着相同的卷积因子，或者更准确地说，有些可能有和有些可能没有，而本书中使用工具计算的点火概率包含了很多变量而不仅仅是简单的特殊考虑。因此，如希望将后果和概率模型的各个方面结合到其概率分析中，建议分析人员将此工具中使用的事件大小输入设置成结果大小乘数为 1。

相对于标准沸点/闪点泄漏温度——这一输入条件在第 2.3.5 节中进行了介绍，旨在提供一个因子来描述云的大小，从而描述其到达多个点火源的可能性。这显然有可能与扩散模型的结果相冲突或与之重复。因此，如果用户的扩散模型结果将包含在点火概率逻辑中，则应将温度输入设置为等于物质的标准沸点，这样可以将温度修正(如第 2.8.2.5 节所述)设置为 1。

2.6 各分析等级使用的变量汇总

表 2.4 总结了算法中使用的每个变量，以及使用在哪些级别中。

表 2.4 每个分析级别使用的变量汇总

模型结果	变量	基本原则/评论	等级
立即点火概率	工艺温度 T	看下一行。在第 2 级和第 3 级中，T 也被用来调整 MIE(最小点火能)的有效值。在第 3 级，泄漏出口的温度可以使用工艺温度来替代	1, 2, 3
	自燃点 AIT	T 与 AIT 的比值决定了自燃的概率	1, 2, 3
	工艺压力	压力升高被认为是静电点和形成的原因	2, 3
	最小点火能 MIE	MIE 是一种衡量物质点火难易程度的方法	2, 3
延迟点火概率	室内或室外泄漏	预设泄漏的受限允许更持久的接触点火源。参考下面关于"通风"和"人员"的讨论	1, 2, 3
	泄漏物质的 MIE	MIE 是一种测量材料点火难易程度的方法	1, 2, 3
	点火源强度 S	点火源的能量越大，点火的机会就越大	2, 3
	泄漏持续时间	泄漏暴露于火源的时间越长，点火的可能性越大	2, 3
	泄漏量	许多研究人员提到，泄漏量越大，点火的可能性就越大	2, 3
	T 和标准沸点	对于液体泄漏，它描述了泄漏后变成蒸气的容易程度	2, 3
	点火源控制	研究人员提出，点火源控制优于平均水平的现场，点火概率比控制程度一般或差的现场低	3
	通风与探测	具有较快探测泄漏和较快通风能力的室内设施的点火概率应较低	3
	人员影响	调查人员注意到，在高湿度环境下，室内点火的可能性较小	3
	减缓	用户可手动输入防止点火的措施，例如惰性气体保护、喷淋等	3

2.7 点火概率的基本算法(第 1 级)

2.7.1 立即点火概率的第 1 级算法

2.7.1.1 静电点火的贡献

典型的立即点火概率在文献中的记载近似为 0.05(Crossthwaite 等，1988，用于 LPG 行业)或更低(UKEI，2006，用于石油和天然气行业)，并被认为主要基于静电点火的贡献，而不是自燃，因为大多数工艺操作都低于自燃点温度。进一步估算，需要提供更多输入，这超出了第 1 级分析的范围，因此对于第 1 级分析，静电点火的贡献假设为 0.05。

2.7.1.2 自燃的贡献

相对于自燃点的工艺温度与立即点火概率之间的关系已如先前所述进行了研究，这里选择的关系式如下：

$$如果 \quad \frac{T}{AIT} < 0.9, \; P_{ai} = 0 \tag{2-18}$$

$$如果 \quad \frac{T}{AIT} > 1.2, \; P_{ai} = 1 \tag{2-19}$$

$$如果 \quad 0.9 < \frac{T}{AIT} < 1.2, \; P_{ai} = 1 - 5000 \times e^{-9.5 \times \frac{T}{AIT}} \tag{2-20}$$

温度单位为华氏度(℉)。

对于自燃的物质，立即点火概率假设为 1.0。值得注意的是，上述关系对于具有极低自燃点的化学品(如，零下)不会产生有效的结果。这类化学品非常罕见，无论在何种情况，应基于经验进行处理。

2.7.1.3 立即点火概率(POII)的组合第 1 级算法

避免交互作用的情况下，在前面静电点火和自燃的讨论中形成的逻辑整合如下：

$$POII_{\text{Level1}} = 0.05 + (1 - 0.05) \times P_{ai} \tag{2-21}$$

P_{ai} 计算如上。

此分析只需输入泄漏的物质(它的自燃点)和工艺温度。但需要注意的是，可能有些情况，按上述公式计算的 POII 是 1，但在某些情况下却不会点火。对于延迟点火的潜在可能性(及影响)，POII 为 1 可能是不保守的。因此，限定 POII 的最高值为 0.99，以保持事件树中的延迟点火部分。

2.7.2 延迟点火概率的第 1 级算法

第 1 级算法的目标是使用最少的可用信息。POII 的一级计算假设有一份可用的化学品清单，基于相关化学品自燃温度和工艺温度进行分析。或者，比如化学品不在该清单上，则判定其工艺温度是否足够接近自燃点，该分析必须包含自燃点，这也意味着需要查找其自燃点数值。

PODI 的驱动意义重大，但比影响 PODI 的因素要精细很多。建议 PODI 的计算增加两个额外的输入，第一个是泄漏在室内还是室外，第二个是泄漏的化学物质。

式(2-17)给出了 PODI 作为化学品最小点火能(MIE)的函数的预测基础。在对不同研究者的预期值进行比较时发现,对于室外事件,PODI 较高时通常被假定为 0.25。基于此,如使用者不输入化学品或者化学品/混合物的 MIE 未知,则将使用一个相对较低的默认 MIE 值,0.2mJ(PODI 结果为 0.25)。如事件发生在室内,第 1 级计算的 PODI 将乘以系数 1.5。

2.8 点火概率的第 2 级算法

2.8.1 立即点火概率的第 2 级算法

2.8.1.1 静电点火的贡献

对于静电点火贡献,第 1 级算法假定了一个 0.05 的常数。第 2 级算法将考虑静电点火的倾向性,作为物质已知 MIE 和工艺压力 p 的函数。基于先前作者研究的关联关系,静电贡献被假设为

$$POII_{静电} = 0.003 \times p^{1/3} \times MIE^{-0.6} \tag{2-22}$$

这里 p 的单位为磅力每平方英寸(psig),MIE 的单位为 mJ。比较 POI 结果与经验建议,压力的影响可能有一个上限。目前假设 5000psig 是一个合理的允许输入的压力上限值。

通过考虑压力和温度对 MIE 的影响,我们可以对这个基本方程进行改进以考虑液体泄漏。这些改进通常被认为是第 3 级的复杂程度。但是,在该阶段我们已经提供了必要输入数据,因此没有理由不将其合并到第 2 级计算中(除非可能用手动计算)。

改进的第一步是将液体的 MIE 转化为有效的蒸气 MIE 等效数值。这可以使用之前所述的关联关系完成:

$$MIE_v = MIE_{已知} \times \left(\frac{10000}{p_液}\right)^{0.25} \tag{2-23}$$

式中　MIE_v——等效蒸气 MIE;

　　$MIE_{已知}$——在文献中记录的数值;

　　$p_液$——液体的工艺压力(其他各处的 p)。

接下来,利用温度补偿:

$$MIE_{adj} = MIE_v \times \exp[0.0044(60 - T)] \tag{2-24}$$

式中　MIE_{adj}——经调整的 MIE;

　　T——工艺温度(同前)。

$POII_{静电}$贡献的改进算法如下：

$$POII_{静电} = 0.003 \times p^{1/3} \times MIE_{adj}^{-0.6} \qquad (2-25)$$

由于受基础数据的限制，且需确保延迟点火是可能的，这个结果的最大值为0.9。

2.8.1.2 自燃的贡献

自燃是温度和 AIT(自燃点)的函数，尽管可以对第 1 级方法进行改进，但需要付出与第 3 级分析那么多的努力。

因此，第 2 级的方法需要重复第 1 级分析。

$$如果\frac{T}{AIT} < 0.9, \ P_{ai} = 0$$

$$如果\frac{T}{AIT} > 1.2, \ P_{ai} = 1$$

$$如果 0.9 < \frac{T}{AIT} < 1.2, \ P_{ai} = 1 - 5000 \times e^{-9.5 \times \frac{T}{AIT}} \qquad (2-26)$$

对于易燃物质，立即点火概率假设为1。

2.8.1.3 立即点火概率(POII)的组合第 2 级算法

避免交互作用后，式(2-27)展示了前两个小节的逻辑整合：

$$POII_{Level2} = P_{ai} + (1 - P_{ai}) \times POII_{静电} \qquad (2-27)$$

P_{ai}的计算同上。

该分析需要输入泄漏物质(它的自燃点 AIT 和最小点火能 MIE)，它在工艺中的相态，工艺温度和压力。出于与第 1 级分析所述的相同原因，第 2 级分析同样限定 POII 的最高值为 0.99。

2.8.2 延迟点火概率的第 2 级算法

2.8.2.1 一般方法

在这级分析中涉及的变量比通常要多——点火源强度、事件持续时间、孔径、泄漏相态和最小点火能 MIE。此外，这些变量之间彼此不是独立运行的，如同"自燃"和"静电点火"对 POII 的贡献一样。因此，在组合这些变量时对每个输入去计算"绝对的"值会变得复杂。所以，将对基础延迟点火概率 PODI 应用一系列的修正，它是作为点火源强度和事件持续时间的函数来计算的。

2.8.2.2 点火源暴露的强度和持续时间

第 2.3.1 节和第 2.3.2 节描述了用于预测延迟点火概率(PODI)的最常见数学关系式，作为点火源类型和暴露持续时间(出于算法目的，假设与泄漏持续时

间大致相同)的函数。这个关系式为

$$PODI_{S/D} = 1 - [(1 - S^2) \times e^{-St}] \qquad (2-28)$$

其中 t 以分钟(min)表示，不同点火源类型的 S 示例在第 2.3.1 节的表格和文本中提供。计算出的数值将通过以下两节研究的数值进行修正。

试验表明，时间影响应有一个限制，因为：

- 有理由相信，如果泄漏在一段持续时间后没有被点燃，那么它可能永远不会被点燃(反之，无限模式将驱动点火可能性为必然)。
- 出于人体安全风险分析的目的，在可燃物质泄漏后有某个时间点，而其他事件时间均无意义，因为潜在受影响的人员可能已经从危险中撤离。

由于这些原因，本书软件版本规定的时限为 10min。当然，如果需要，读者可以使用不同的、更适合该现场具体情况的持续时间假设来手动进行计算。

在历史事故记录中，对这个规则有一些明显的例外情况(如 Buncefield、Ufa、Port Hudson 等)。不管怎样，这些事件被认为是特例，因此不能充分地纳入本书所描述的点火概率方法。

2.8.2.3 泄漏量大小

第 2.3.3 节描述了泄漏量大小与点火概率之间的关系。这要么表示为泄漏的总量(适用于瞬时事件)，要么表示为基于孔径和泄漏速率。为了结合上节中研究的数字，表示这些修正必须假设一个基准(即"典型的"泄漏量)。

根据那些描述了该变量影响的已报道事件的范围，假设以下基准值来代表修正因子为 1(平均值)的情况：

- 液体平均泄漏总量——5000lb(1lb≈0.45kg)；
- 蒸气平均泄漏量——1000lb；
- 平均泄漏孔径——1in(1in=0.0254m)当量直径；
- 平均泄漏压力——100psig。

然后，对泄漏量大小的 PODI 修正因子为

$$M_{\text{MAG\_泄漏量(液态)}} = (泄漏量/5000)^{0.3} \qquad (2-29)$$

$$M_{\text{MAG\_泄漏量(气态)}} = (泄漏量/1000)^{0.5} \qquad (2-30)$$

$$M_{\text{MAG\_孔径(液态)}} = (孔径)^{0.3} \qquad (2-31)$$

$$M_{\text{MAG\_孔径(气态)}} = (孔径) \qquad (2-32)$$

这里泄漏量的单位为磅(lb)，孔径单位为英寸(in)。

在这些乘数上设定了两个限制。值得注意的是，基于量级的调整可能是长时间事件的结果，这类事件的持续时间已经在很大程度上解释了式(2-11)。为减小长时间事件的乘法效应，式(2-28)~式(2-30)的效果是不恰当的，设置

$M_{\text{MAG\_泄漏量}}$上限为2。

我们也期望$M_{\text{MAG\_孔径}}$以这种方式来操作事件大小的限度,因此,建议设置该乘数的上限为3,下限为0.3。

2.8.2.4 泄漏的物质(最小点火能 MIE)

第2.3.4节讨论了 MIE 对绝对化的立即点火概率的影响。要创建 PODI 修正因子,先前的关联关系需要转换为相对形式,并且要做到这一点,必须选择"典型的"物质 MIE。

氢气在 MIE 谱图较下端,其值约为 0.015mJ。而在另一端,氨的 MIE 为 680mJ。但最常用的碳氢化合物(支持第2.3.4节算法的数据是这些物质的)落在 0.2~2mJ 的范围内。基于工程判断选择 0.5mJ 的作为基准 MIE 值。

原始的关联关系形式是绝对化的 PODI:

$$PODI = [0.15 - 0.25\log(MIE/0.5)]$$

也可以整理成:

$$PODI = 0.075 - 0.25\log(MIE) \tag{2-33}$$

以 PODI 修正的形式,可以表达为更简单的关系式:

$$M_{\text{MAT}} = 0.5 - 1.7\log(MIE) \tag{2-34}$$

对于这个乘数,上限设置为3,以防止它对 PODI 产生夸大的影响。建议下限为0.1,因为无论物质有多难点火,仍可能有一些点火源足够强大去点火它。这些限制的影响是将所有物质处理为具有 0.034~1.7mJ 之间的 MIE。因此,如果分析师遇到一种物质具有极高的 MIE 且没有相对强的点火源,则应忽略点火的可能性。

2.8.2.5 泄漏/闪点/沸点温度

第2.3.5节提出了点火概率、泄漏温度和沸点或闪点之间的关系。尽管该模型并不是为了将扩散模型本身包含进去,但一系列的模型运行指出了"到 LFL 的最小距离"和"启动该算法的物质的标准沸点(NBP)与泄漏温度间的差值"之间的线性关系;如下,

$$到 LEL 的最小距离 \alpha(NBP - T) \tag{2-35}$$

式中 T——工艺温度;

NBP——物质的标准沸点(对于混合物,使用较低的10%沸点)。对于液体泄漏,当 NBP 和 T 相同时,达到最大距离,当 $NBP-T$ 约为230℉时,扩散距离降至接近0。

该校正因子可以以相对的方式应用于相同物质的蒸气泄漏。此修正可以用于液体泄漏,如下:

$$M_{\text{T}} = 1 - (NBP - T)/230 \tag{2-36}$$

式中 M_T——温度修正；

    NBP——泄漏物质的标准沸点；

    T——正常工艺温度，℉。

也许更直接关联的物理属性是闪点，因为这定义了泄漏是否产生了足够的蒸气以被点燃。或者，温度修正可以用闪点来表述，如下：

$$M_T = 0.4 + (T - 1.3 \times FP)/230 \qquad (2-37)$$

在这种情况下，FP 指闪点，以华氏度（℉）为单位。

这些方程的最大值为1。建议最小值为0.001，以解释泄漏可能接触如下点火源的概率：足够温暖可以加热物质或者提供了点火条件但不常见。

2.8.2.6 室内泄漏

因为室内可燃云团的扩散性较低，所以认为同等条件下室内的点火概率较室外有所增加。因此，课题专家建议对于室内泄漏（$M_{IN/OUT}$）使用乘数1.5。如果是室外泄漏，$M_{IN/OUT} = 1$。

2.8.2.7 PODI 的第2级组合算法

结合上述各因素对 PODI 的贡献，关系式如下：

$$PODI_{Level\,2} = PODI_{S/D} \times M_{MAG} \times M_{MAT} \times M_T \times M_{IN/OUT} \qquad (2-38)$$

原则上，这个方程的最大值为1。但是，在软件工具中，它的最大值限定为0.9，以便用户不会在无意中消除事件树中的毒性或环境结果，正如本章开头部分所述。

2.9 点火概率的先进（第3级）算法

2.9.1 立即点火概率的第3级算法

对 POII 第2级算法的改进只是为了考虑泄漏点出口处的温度，而不是使用工艺温度。二者之间的差异可能很大，也可能不大，取决于泄漏的情景。但是这个输入需要一个焓的计算，焓的计算通常可用于后果模块中。由于这里涉及另一个计算的结果，对于第2级分析来说投入得较多，所以降到第3级。

在这个细化过程中，第3级算法与第2级一模一样，只不过使用了修改过的温度输入。出于与第I级分析相同的原因，第3级的 POII 最大值也被限定为0.99。

2.9.2 延迟点火概率的第3级算法

对于一些相关参数，与第2级所使用的相比，在第3级中进一步细化是不可能的。而在其他情况下，一些改进是可能的。

2.9.2.1　点火源的强度/持续时间

点火源强度和持续时间的处理就像第 2.8.2.2 节所述的第 2 级分析程序一样，只有一个例外。点火源的"强度"与点火源的受控程度有关。假设分析人员已经开发出一种客观的工具，来描述对点火源的控制水平，下面的乘数可以应用于式(2-28)的 S 值：

对于"良好"控制的点火源(实际中的最佳控制水平)，将 S 乘以 0.7。

对于"标准"控制(对标准危险设备认为是最实际的控制级别)，将 S 乘以 1.0。

对于"最小"控制(在现实中可能发生的最小控制水平)，将 S 乘以 1.5，并且限定 S 的结果不能超过 1。

请注意，上述因素不是简单对某区域施加控制水平的反映，而是对相对于行业标准控制水平的反映。因此，道路这种典型的没有进行分类的区域不应通过这些乘数来使之不利；这在道路的点火源"强度"因素中得到了考虑。这种情况下，"最小"控制可能是指重型车辆允许在道路上连续怠速的情况。

2.9.2.2　泄漏量大小

泄漏量的处理如同第 2.8.2.2 节中第 2 级分析描述的一样。

2.9.2.3　泄漏的物质

对泄漏物质的处理如同第 2.8.2.4 节中第 2 级描述的一样。在假设延迟点火发生在蒸气而不是喷雾中的情况下，对研究 POII 的 MIE 不使用修正输入，且由于与环境空气混合，延迟点火时的温度与用于研究 MIE 数据(与 Joule-Thompson 效应中的从过程中变热或冷却相反)使用的温度一样。

2.9.2.4　室内活动

对于第 2 级分析，可以提出改进以考虑如下因素：①先进的气体检测和通风系统对建筑物可燃云团扩散/移动的影响；②与室外泄漏相比，人为点火可燃云团的可能性相对于其他点火源更大。这两种影响可以按下面所述分开处理或一起处理。

人为影响——在第 2.3.8.3 节中有描述，按如下实施，假设 MIE 足够低以允许人体静电点火，室内泄漏的 PODI 将与房间内的湿度有关，假设该房间平均室内工艺操作的相对湿度为 50%。根据第 2.3.8.3 节中所述的点火与相对湿度的关系，则修正如下：

$$M_{RH} = (100 - 1.5 \times 相对湿度)/25 \qquad (2\text{-}39)$$

在这里 M_{RH} 的下限为 0。但这个乘数仅用于假定被人为点火的室内事件的占比，在 1 级/2 区的地方假定为 20%，在 1 级/1 区(或等同于 1 区)的地方假定为

50%。其他点火使用"通用的"室内乘数或检测/通风影响算法来进行修正。

检测和通风——评估检测和通风系统影响的方法在附录 B 中描述，此处不再重复。得出乘数的使用可以独立于下面的"人为影响"修正。

2.9.2.5　缓解措施

在第 3 级分析中，用户可以输入可降低点火概率的措施的益处。例如，一个隔离系统可用来限制事件的持续时间；不管怎样，这个益处在强度/持续时间算法中得到了最好的量化。其的方法包含在探测到碳氢化合物时被激活的喷淋或惰性气系统等。对这些专业系统的有效性和可用性进行量化，并将这些可能的应用无限组合，不在本书的范围。然而，用户必须定义失效概率并输入这个值(FIP)。但不要在定义 FIP 和第 2.9.2.1 节中定义"良好的点火控制"时重复考虑这些措施。

2.9.2.6　PODI 的第 3 级组合算法

PODI 第 3 级组合算法是：

$$PODI = PODI_{S/D} \times M_{\text{MAG}} \times M_{\text{MAT}} \times M_{\text{T}} \times M_{\text{IN/OUT}} \times FIP \qquad (2-40)$$

这个方程的下限是 0，上限是 1。

2.10　化学性质缺失时的输入研究

在某些情况下，重要的输入如 MIE 或 AIT 在文献中是缺失的。在这种情况下，需要替代估算。

还有一些情况，对于纯的化学品，必要的属性是适用的，但不能用于这些化学品的混合物。在这些情况下，需要适当的混合规则。

2.10.1　不在选择列表中的化学品属性输入估算

通常对于一些化学品，有必要通过其他来源，或与已知 AIT 和 MIE 的相似化学品物质进行比较，来估计其中的 AIT 和 MIE。但通过与其他化学品相比较来估算 AIT 或 MIE 是不容易的。

2.10.1.1　自燃点(AIT)

如第 1 章所述，AIT 不能与更容易获得的参数(如沸点)相关联。一些碳氢化合物种类的 AIT 与化学结构式之间的关系已经得到证明，与链长度和分支程度有关(图 1.3)，但对本书读者而言，可能会考虑全系列化学品，因此意义不大。

在没有普遍适用的 AIT 估计方法的情况下，最好是根据已知 AIT 的相似化学品进行估算。该信息有多个来源，其中一些收录在附录 A 中。但我们应该考虑化学品的多重属性，包括分子质量、分支程度、"端"原子(如氯)的存在，等等。

通常，优选使用"最佳估算"的方法，而不是尝试选择"保守"值，因为什么会是保守的方法并不清晰。如果为了保守选择了较低的 AIT 值，结果导致 POII 较大、PODI 较低。这样分析人员会认为火灾比延迟爆炸更可能发生，这是保守的还是非保守的，只能视具体情况而定。同样，对于即可燃又有毒的泄漏，与较高的点火概率相关联的是较低的中毒结果的概率。所以迫使模型产生较高的点火概率可能是保守的，也可能是非保守的。

2.10.1.2　最小点火能量(MIE)

可以对 MIE 进行一些概括。大多数具有 8 个碳或更少链烷烃的 MIE 约为 0.25mJ，但是其他原子替换氢原子可能会产生显著影响。例如，甲烷(CH_4)的 MIE 是 0.3mJ，而二硫化碳(CS_2)的 MIE 低得多，为 0.015mJ，二氯甲烷(CH_2Cl_2)的 MIE 为 10000mJ。Britton(2002)研究了 MIE 与消耗每摩尔氧气的燃料燃烧热之间的关系(图 2.3)。

$Y = M_0 + M_1'' x + \cdots M_8'' x^3 + M_9'' x$	
M_0	4.0056
M_1	-0.06231
M_2	0.00024333
R	0.96236

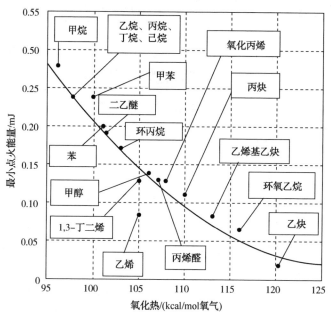

图 2.3　取决于氧化热的 MIE

图 2.3 中描述的关系对烃类和相关含氧化合物(CHO—型分子)最有效。排除某些类型的化合物(例如，卤化化合物)。其他化合物抑制了混合物中可燃物的可燃性。精细化应用的常见的一个例子是归类于 HF—和 LPG—的物质；据说 25%~30%浓度的 HF 足以将混合物的点火概率降低到接近零。

因此，如果点火概率结果对使用的 MIE 值很敏感，那么对 POII 和 PODI 值的成本影响是很大的，也许值得进行实验室测试来衡量该值，而不是依赖于替代品。

2.10.2　可燃混合物的特性估算

为了使用本书中的工具，在评估混合物的有效特性时，需要考虑两种综合情况。第一种情况，混合物是均匀的，也就是说它在泄漏时不会分离成不同的相态。在讨论特定变量(如在本节其他部分中的 AIT)时，假定混合物是均匀的。

在本书中使用的非均匀混合物，是指混合物中的不同组分在泄漏后不久便会分离。氢和重烃的混合物(如，柴油加氢器)就是一个例子。在非均匀混合物的情况下，应分别对两种相态进行处理，并对结果深思熟虑的结合。在加氢处理器的例子中，泄漏的氢部分可能会找到一个点火源，然后回火到柴油液池并点火它。但这取决于泄漏情景和位置，氢也可能会飘走，没有接触到点火源。因此，将这种情况建模为均匀混合可能会超过或低于实际的点火概率。

2.10.2.1　自燃点(AIT)

对燃料混合后的 AIT 这个主题的研究一直是有限的。Britton(1990b)的一个例子涉及环氧乙烷的混合物。图 2.4 为实验研究的混合物 AITs 与用 LeChatalier 混合规则所预测之间的对照：

$$AIT_{mix} = 1/\left(\sum x_i / AIT_i\right) \tag{2-41}$$

式中　x_i——i 组分的摩尔分数；

AIT_i——i 组分的 AIT。

这种对比并不完美，但目前没有一条规则可以普遍地解决所有化学品数据的拐点。因此，为了解决这个问题，推荐 LeChatalier 的混合规则。不管混合规则的有效性如何，在实际应用中，总是倾向于对混合物燃烧特性进行实验室测试，而不是依赖于相关系数。

2.10.2.2　最小点火能量(MIE)

在 Britton(2002)的一篇论文中详细探讨了化学品的燃烧性质。Britton 自己没

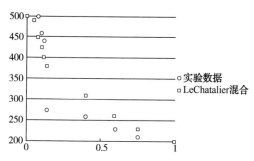

图 2.4　实验室和 LeChatalier 混合规则的 AIT 值比较

有提出关于 MIE 的混合规则，但是他的发现可以构成混合规则的基础。使用 Britton 开发的 MIE 算法，对很有限的一些混合物进行 LeChatalier $[MIE_{mix} = 1/(\sum x_i/MIE_i)]$ 和标准比例行为进行了复核，即

$$MIE_{mix} = \sum (x_i \times MIE_i) \qquad (2-42)$$

在复核中，LeChatalier 规则和比例混合规则都不是完全令人满意的，但是两者的平均值确实提供了一个好的预测。这个结论是否可以被广泛认可并不知道。因此，如果 POII 和 PODI 值对 MIE 值敏感，那么实验室测试可能是合适的。

同样重要的是包括稀释剂或抑制剂在内的混合物点火行为，如第 2.10.1.2 节所述。它超出了本书的范围来解决所有的可能性，因此用户应该在必要时进行测试。

2.10.2.3　反应性

混合物的爆炸倾向在某种程度上是其基本燃烧速度的函数，在这里被称为"反应性"。研究人员发现，一些混合物遵循了 LeChatalier 的火焰速度混合规则，而另一些遵循标准比例行为的规则，即

$$FFV_{mix} = \sum x_i \times FFV_i \qquad (2-43)$$

如果所评估的特定混合物的数据在文献中是不可用的，并且使用的方法影响很大，那么进行测试可能是合适的。

2.11　工作举例

2.11.1　问题陈述

为了说明所提议的算法，请考虑这个例子：

- 泄漏的化学品——丙烷；
- 泄漏相态——蒸气；
- 工艺温度——100℉；
- 工艺压力——200psig；
- 位置——室外；
- 孔径——2in；
- 泄漏持续时间——2min；
- 点火源类型——工艺单元；
- 源类型的比例，在云团内——0.20；
- 点火源控制——典型的；
- 防止泄漏可燃物质被点燃的探测/喷淋/抑制系统的可靠性——0.70。

并不是所有级别的分析都需要这些输入。其他的输入没有说明，因为丙烷这种化学品的性质众所周知。

2.11.2 第1级分析

在第1级分析，只需要以下输入：

- 泄漏的化学品——丙烷；
- 工艺温度——100℉；
- 室内或室外操作——室外。

该化学品定义了纳入第1级分析的变量——丙烷的自燃点（AIT）是932℉。这将在这些算法软件选择列表中自动输入。

2.11.2.1 第1级POII

根据第2.7.1.2节，由于 $T/AIT<0.9$，则 $P_{ai}=0$（也就是说，泄漏不存在自动点火的可能性）。然后，根据第2.7.1.3节：

$$POII_{Level\ 1} = 0.05 + (1 - 0.05) \times P_{ai}$$
$$POII_{Level\ 1} = 0.05 + (1 - 0.05) \times 0 = 0.05$$

2.11.2.2 第1级PODI

根据第2.7.2节，对于室外泄漏，PODI 设置为0.25。

2.11.3 第2级分析

在第2级分析，需要以下额外的输入：

- 泄漏相态——蒸气；

- 工艺压力——100psig；
- 孔径——2in；
- 泄漏持续时间——2min；
- 点火源类型——工艺单元(20%覆盖)。

所选的化学品将定义"反应性"(中)和 MIE(0.26mJ)，这些也是第 2 级分析的输入。

2.11.3.1 第 2 级 POII

根据 2.8.1.1 节，第 2 级的 POII 计算如下：

$$POII_{静电} = 0.003 \times p^{1/3} \times MIE^{-0.6}$$

其中 p 单位为磅力每平方英寸(psig)，MIE 单位为毫焦(mJ)。则

$$POII_{静电} = 0.003 \times 100^{1/3} \times 0.26^{-0.6} = 0.03$$

P_{ai} 的计算与第 1 级计算相同。那么第 2 级的总体 POII 是

$$POII_{Level\ 2} = P_{ai} + (1 - P_{ai}) \times POII_{静电}$$

或 $$POII_{Level\ 2} = 0 + (1 - 0) \times 0.03 = 0.03$$

2.11.3.2 第 2 级 PODI

第 2 级 PODI 包括：

$$PODI_{Level\ 2} = PODI_{S/D} \times M_{MAG} \times M_{MAT} \times M_T \times M_{IN/OUT}$$

式中 $\boldsymbol{PODI_{S/D}}$——$PODI_{S/D}$ 与点火源强度和暴露时间有关，遵循第 2.8.2.2 节中的如下关系：

$$PODI_{S/D} = 1 - [(1 - S^2) \times e^{-St}]$$

其中 S 是由输入的点火源类型定义的，如表 2.2(0.2)所示。在这级分析中持续时间 $T(2min)$ 是一个输入。则

$$PODI_{S/D} = 1 - [(1 - 0.2^2) \times e^{-0.2 \times 2}] = 0.36$$

$\boldsymbol{M_{MAG}}$——根据第 2.8.2.3 节，M_{MAG} 基于释放的大小，在这里表示为孔径大小的函数。对于蒸气，M_{MAG} 等于单位为英寸($M_{MAG} = 2$)的孔径。

$\boldsymbol{M_{MAG}}$——根据第 2.8.2.4 节，M_{MAG} 基于所释放物质的 MIE 的函数：

$$M_{MAT} = 0.075 - 0.25\log(MIE)$$

在这种情况下 $M_{MAT} = 0.075 - 0.25\log(0.26) = 0.22$

$\boldsymbol{M_T}$——与物质挥发性有关的温度修正因子，如第 2.3.5 节所述。对于蒸气，它的值是 1。

$\boldsymbol{M_{IN/OUT}}$——在室内泄漏所使用的乘数。

对于户外泄漏，值是 1。

因此，整个第 2 级的 PODI 是

$$PODI_{\text{Level 2}} = 0.36 \times 2 \times 0.22 \times 1 \times 1 = 0.16$$

2.11.4　第 3 级分析

在第 3 级，用户可以选择引入新的术语和一些替换术语。

2.11.4.1　第 3 级 POII

用户在操作释放模型时，可以选择采用后期的温度来代替过程温度。在这个例子中，我们假设没有现成的释放模型，并假设后期温度与工艺温度相同。那么 POII 的算法与第 2 级 POII 的算法相同，因此 POII 的值与前面相同，为 0.03。

2.11.4.2　第 3 级 PODI

对于室外泄漏，第 3 级 PODI 与第 2 级的处理方式相同，只有两个例外。

用户有机会输入一个值，该值描述了如何控制点火源，其在第 2 级 $PODI_{\text{sm}}$ 中是用于计算"S"项的一个乘数。在本例中，控制因素是"典型的"，因此计算与第 2 级相同。

如果能够正确评估这些措施的可靠性和有效性，用户还可以输入防止点火的措施。在这种情况下，探测/喷淋系统有 70% 的有效性来防止可燃物质泄漏的点火。因此，该探测/喷淋系统失效的概率（FIP）等于 1.0-0.70=0.30。

第 3 级的 PODI 方程是

$$PODI = PODI_{\text{S/D}} \times M_{\text{MAG}} \times M_{\text{MAT}} \times M_{\text{T}} \times M_{\text{IN/OUT}} \times FIP$$
$$PODI = 0.36 \times 2 \times 0.22 \times 1 \times 1 \times 0.3 = 0.048$$

2.12　模型在多点火源研究中的应用

在某些情况下，特定泄漏场景中，由几个点火源中的一个主导，或为了研究确定削减某一泄漏源带来的好处。在这些场景里，本章涉及到的模型是可以使用的。

在更复杂（可能更典型）的情况下，可能会出现多个点火源。在大多数情况下，这一章的算法可以被当作是用一个"区域源"来定义点火源强度，这个"区域源"将可燃气云扩散空间中的所有的点火源进行合并。

在某些情况下，区域源方法是不够的。这通常发生在：这种方法不能对云正扩散的区域进行很好的表征；或者除了包含在"区域"内的点火源外，其他还有点火源。在这些情况下，本章描述的算法需要重复和组合，才能得到最好的结果。

这种方法是：先计算立即点火的概率，然后根据本章的方法对每个点火源计算延迟点火概率。最终的延迟点火概率为1减去非点火概率：

$$PODI = 1 - \prod (1 - PODI_i) \qquad (2-44)$$

PODI 是使用本章方法计算的 i^{th} 点火源的 PODI。举个例子，三个火源的延迟点火概率分别为 0.1、0.2 和 0.5，则 PODI 为

$$PODI = 1 - (1 - 0.1)(1 - 0.2)(1 - 0.5) = 0.64$$

3 理论基础和数据来源

3.1 概述

表 3.1 总结了一些点火概率的数据来源。本章后续部分将对这些数据信息做详细介绍。

并不是所有这些文献都在第 2 章描述的预估方法中被使用，但考虑到以下一个或多个原因仍然在表中列了出来：

- 与不在本书范围内但仍有许多读者关注的应用(例如，海上平台设施)。
- 与一些非常见的特殊环境下的应用有关，这些特殊应用环境可能无法适用第 2 章介绍的模型。但是对于需要这些特殊环境应用的读者来说会很有用。
- 具有特殊历史意义。

当遇到数据差异或数据不满足特定分析要求时，需要通过其他途径确认可用数据，比如确认是否可扩展现有数据的使用范围。一些数据或数据取值范围实际上不容易收集到。本章内容包含了大量专家分析结果，因此数据的使用者及计算公式开发者应了解这些数据可能存在数据差异或缺失等内在不确定性。

表 3.1 点火概率数据来源汇总

来源	讨论变量	相关应用	章节
Spencer 和 Rew，(1997 年)	列出了大量各类型相关变量。下面列出的各文献都是对本文献中出现信息的扩充	用于陆上工业。主要参考其他文献	3.2.1
Spencer、Daycock 和 Rew(1998 年)	介绍了不同类型的点火源"强度"，以及点火概率与事件持续时间之间的 $1-a^{-\lambda t}$ 关系	用于陆上工业。模型并不直接基于数据	3.2.1
Daycock 和 Rew(2004 年)	Spencer 和 Rew 研究的扩充，指出了不同类型点火控制措施的有利因素	用于陆上工业。优点是模型基于专家判断，而非"数据"本身	3.2.1

续表

来源	讨论变量	相关应用	章节
TNO 紫皮书 (2005 年)	荷兰风险评估指定的点火概率(POIs)计算方法。讨论变量包括泄漏物料的易燃性(闪点)和反应活性以及泄漏速率(持续泄漏)或质量(瞬时泄漏)。文中给出了一个点火源"强度"表,类似于 Rew 等人给出的表	用于陆上工业设施,也可用于运输过程。基于数据+专家指导。应考虑校准。本书对最复杂的计算方法介绍不够详细	3.2.2
Cross-thwaite 等 (1998 年)	早期 HSE 风险评估采用的基于泄漏孔径的计算模型。考虑了气象条件和泄漏方向	用于液化石油气(LPG)点火概率计算。基于模型不直接基于"数据"。只可用于液化石油气(LPG),该方法已过时	3.2.3
Thyer(2005 年)	海上平台数据库,根据泄漏形式/相态、泄漏物料进入的防爆分区,以及泄漏孔径进行分类	用于海上平台。较好的真实数据来源之一。不能直接应用于陆上设施,但做一些修正之后可用于在一定程度上校验计算公式。这是考虑了防爆分区影响的主要数据来源	3.2.4
Gummer 和 Hawksworth (2008 年)	介绍了氢气可能的自燃机理。引用数据被认为是高立即点火概率,低延迟点火概率。同时包括过往事故案例	只能用于氢气。相对于另一数据来源,这里提供的数据描述有些不清楚,甚至可能是矛盾的。主要可用定性描述	3.2.5 和 3.7.3
Cawley/ 美国矿山局 (1988 年)	目前发表的唯一一篇关于极低点火概率的文章,由于不同电路强度引起的点火。	用于采矿工业。数据仅限制于单一混合物(含 8.3%甲烷的空气),但它是少有的实测低能量点火数据	3.2.6
HMSO/ Canvey(1981 年)	早期液化石油气(LPG)风险评估采用的模型	只能用于液化石油气(LPG)点火概率计算,该方法已非常过时。因此已经被淘汰	3.2.7
Witcofski (1981 年)	介绍了大量液态氢泄漏扩散	适用于明显不会点火的情况,讨论内容包括氢气、低温、液相泄漏等	3.2.8
Cox、Lees 与 Ang (1990 年)	主要介绍泄漏物料相态和泄漏速率与点火概率之间关系	在点火概率计算领域具有开创性工作意义。它基于海上平台数据,现在有些过时,但仍被广泛引用,用于海上和陆上工业设施	3.3.1

来源	讨论变量	相关应用	章节
E&P 论坛 （1996 年）	引用了几个这里提到的数据来源。文中创新点是提出了不同点火源的相对点火强度，并对海上平台设施点火事件中各类型点火源占比进行了统计	它是基于海上平台设施的良好数据来源。而点火源数据和这里提出的计算方法并没有直接关联，因为点火源数量不确定。但它确实提供了一个参考方法	3.3.2
API（2000 年）	考虑物料化学组成、相态，以及是否高于/低于其自燃点（AIT）	是基于炼油行业的数据。主要考虑专家的合理判断。思路简洁，更类似一个"1 级"算法结构或者说总体性算法。没有引入泄漏速率这样的重要变量，也没有提供新的思路	3.3.3
API（2003 年）	评估热表面的点火可能。考虑热表面温度、暴露时间及风速	基于石油行业的数据。数据有限，但很好地说明了热表面点火源的重要性。为热表面点火源研究提出新思路	3.3.4
Hamer 等 （1999 年）	热表面（尤其是感应电机）的点火效应	基于石油行业的数据。为 API 2003 工作提供了数据支撑，将其与实际工作中热表面问题联系起来	3.3.5
UKEI （2006 年）	包含较多变量的复杂模型。为考虑全厂覆盖而提出	主要关注液化石油气（LPG）和海上平台设施，也包括陆上设施。很好地描述了空间变量，而对化学性质相关的变量描述简单。与 Rew 等人的相关研究优点一致	3.3.6
Ronza 等 （2007 年）	考虑泄漏物料及其泄漏量	与液体运输非常相关。基于真实现场数据，虽然非"流程"情形下点火源特性可能不同。很好的证实了液体物料类型和泄漏量的重要性	3.4.1
Foster 与 Andrews （1999 年）	考虑了很多与爆炸概率相关的变量	基于海上平台设施的数据。主要提供的是一个计算"模型"而并没发布新的数据。算法太复杂以至于很难与本书中提出的基本算法结合	3.4.2
Srekl 与 Golob（2009 年）	评估建筑物火灾，主要是非工业建筑物。考虑可能的可燃物质量，点火源数量，以及建筑物每天的活跃时间	很好的数据来源，但不适用于流程工业。至少引入了一个新变量（活跃时间比例），室内事件点火概率可能会考虑到，但未考虑室内可燃物质的存量这一变量	3.4.3

续表

来源	讨论变量	相关应用	章节
Duarte 等 (1998 年)	热表面点火概率的回顾与热表面附近气相物流的影响	总体而言，该文献证实了其他研究人员的成果	3.4.4
Swain 等 (2007 年)	氢气点火概率的回顾，特别是关于泄漏速率的部分	介绍了高流速可能导致低点火概率的场景	3.4.5
Dryer 等 (2007 年)	评估氢气点火概率，尤其关注泄漏点压力和设备结构	良好的基于实验室的数据来源。但受实验设备限制。与 Swain 思路一致，提出在泄漏点建立几何模型的重要性	3.4.6
Britton(1990a)	考虑了泄漏压力/速率，温度和泄漏孔径	对有限的几种化学物质是很好的数据来源。提出对非"标准"化学物质分类，其中一些跟标准化学物质形式有关系	3.4.7
Pesce 等 (2012 年)	在能源协会的模型基础上建立的新模型	结合了物料的化学性质，根据防爆分区分类进行定义	3.4.8
Spouge (1999 年)	将点火概率与泄漏物料相态、泄漏速率和事件持续时间联系起来	海上石油/天然气行业发布的数据来源。大多数基于事故数据，持续时间基于专家判断。同 API RBI 提出的其他类似计算方法一样，被广泛采用	3.5.1
Moosemiller (2010 年)	计算考虑了多个点火源和环境条件的点火概率和爆炸概率。室内泄漏时建议使用该方法	陆上流程工业数据来源。有些方法基于数据，有些基于专家判断。涉及的变量比任何其他数据来源都多。与本文介绍的范围和结构相似，尽管讲述的内容不够详尽	3.5.2
Johnson (1980 年)	考虑了人作为点火源之一	有用的数据库，但是因为关注范围应用受限。建议在工业设施中大多数场景下可以不考虑人员作为点火源(除室内泄漏场景有可能外)	3.5.3
Jallais(2010 年)	比较了不同的氢气点火概率模型	文中仅仅比较了不同的氢气点火概率模型。主要阐述了与现有计算方法不同之处	3.5.4
Zalosh 等 (1978 年)	对已报道的氢气事件后果进行了分析，按照泄漏源和点火源进行分类	真实数据，带有一些报告偏见。一般可用于数据验证。由于数据来源没有很好定义，很难从中得出明确结论	3.5.5

来源	讨论变量	相关应用	章节
Smith(2011 年)	对比石油与天然气输送管道点火概率	描述了天然气管道由于静电导致的较高点火概率	3.5.6
Lee 等(1996 年)	多组分液体喷雾的点火。将液体的最小点火能(MIE)与液滴直径关系起来，建议使用 LeChatalier 混合规则评估混合物最小点火能(MIE)	基于液体喷雾的实验室数据(以庚烷和癸烷为研究对象)。尽管对更大尺寸的泄漏是否适用并不清楚，但这是计算与液滴直径相关的液体喷雾点火概率的有用方法	3.6.1
Babrauskas (2003 年)	这本书可以说是关于点火的百科全书。同 Lee 等人发表的内容一样，这里描述了液滴直径对最小点火能(MIE)的影响，涉及的化合物范围更广。文中还给出了最小点火能(MIE)与喷雾温度的关系表	同 Lee 等人的研究内容一样，但另外提出了最小点火能(MIE)与温度的关系	3.6.2
Britton (1999 年)	包括很多案例。文中并没有提供点火数据，但介绍了众多可能影响点火的因素	对不常见的点火事件提出了有用的见解，这些可能会在数据分析中遗漏	3.7.1
Prattl(2000 年)	讨论了海上平台设施点火概率的机理	提供了海上平台设施的点火概率机理，可能会作为将海上平台数据整合到陆上设施分析方法的基础。更多的基于专家判断	3.7.2

先前提出的有些推断结果明显没意义(例如：得出的点火概率小于 0 或大于 1)。而有一些推断很准确，例如，在物理场景存在局限从而使变量得到控制的情况。因此，使用者在使用这些数据和计算模型之前应有自己的判断。

3.2 由政府主导的研究

3.2.1 Rew 等人

在 20 世纪末至 21 世纪初，英国健康与安全局(UK HSE)研究小组成员，包括 P. J. Rew，H. Spencer 和 J. Daycock，在点火概率领域发表了一系列的文章。这些文章的内容关联性较强，在此做统一介绍。

3.2.1.1　可燃气体的点火概率(CRR 146/1997)

在该报告中(Spencer 与 Rew，1997 年，第 2 页)，作者对点火相关的变量进行了以下分类：

点火源性质：

- *连续性或间歇性；*
- *强度；*
- *设计(例如，本质安全设计)；*
- *类型(例如，动火作业、火炬、电路故障、静电等)；*
- *位置(厂内或厂外)；*
- *单位区域面积内点火源密度。*

泄漏位置：

- *封闭或敞开；*
- *与点火源距离(延迟或立即点火)。*

泄漏类型：

- *燃料类型(最小点火能)；*
- *泄漏气体浓度(燃烧上下限，均值和中值)；*
- *设备产生的点火源(例如，静电或机械撞击火花)。*

在上述各种影响因素之后都有一个讨论，引用了一些数据和其他专家的意见来说明这些因素对点火概率的影响。文中还列出了包含上述一些因素的其他模型，并总结出用这些模型预测的点火概率值有明显差异的结论。

Spencer 和 Rew(1997)提出了一个模型构思："计算点火概率考虑的是可燃气云是否能接触到确定的点火源，无论是在城区、乡村还是工业区位置，即，*点火概率计算是基于现场真实数据而不是经验数据……*"。所以，Spencer 和 Rew 似乎承认在特定厂区内使用经验数据计算点火概率是较为困难的。

3.2.1.2　可燃气体点火概率模型，阶段 2(CRR 203/1998)

在后续的工作中(Spencer 等，1998)，作者们进行了点火概率的预测公式推导。首先推出的是非点火概率 Q_A：

$$Q_A = Q_{A1} Q_{A2} \cdots Q_{AJ} = \prod_{j=1}^{J} Q_{Aj} = \prod_{j=1}^{J} \{\exp\{\mu_j A [(1 - a_j P_j) e^{-\lambda_j P_j} - 1]\}\}$$

$$(3-1)$$

式中　$\prod$——多项连乘；

　　　μ——点火源密度；

　　　P——在气云扩散范围内的且激活(处在点火状态)的点火源点火概率；

λ——点火源激活的频率；

a——点火源激活的时间比例。

这个公式有已发布的厂外和工业厂区内点火源密度数据总结(表 3.2 和表 3.3)作为支撑。当然，发达国家与发展中国家的厂外点火源密度会有很大不同，也会因不同土地使用属性而不同。

对原始数据进行处理时做了一些基本假设，例如，某些装置只在白天运行。这里提出的计算方法对单一用户或某一用户组可能有用，但是对本书关注内容来说还是太复杂。另外，该计算模型中提及的某些参数(如点火能和基于时间的点火概率)在第 2 章中描述的计算方法中有使用到，但模型本身并未采纳这些参数。

表 3.2　工业区点火源数据汇总(Spencer 等，1998)

点火源	位置	A_i	P_i	λ_i/min	a_i	μ_i/ha	
						白天	晚上
食品	室内	15	0.25	0.056	0.99	0.097	0.015
	室外	∞	1	0.0083	0.042	0.037	0.006
	室外	∞	1	0.0083	0.281	0.059	0.009
纺织品	室内	15	0.15	0.056	0.99	0.163	0.016
	室外	∞	1	0.0083	0.042	0.072	0.007
	室外	∞	1	0.0083	0.281	0.091	0.009
木材和纸	室内	15	0.3	0.035	0.98	0.113	0.008
	室外	∞	1	0.0083	0.042	0.053	0.004
	室外	∞	1	0.0083	0.281	0.059	0.004
油漆	室内	15	0.8	0.0277	0.883	0.265	0.066
	室外	∞	1		0.125	0.127	0.032
化学物质	室内	15	0.6	0.023	0.991	0.117	0.020
	室外	∞	1	0	0.25	0.018	0.003
	室外	∞	1	0		0.062	0.011
非金属材料	室外	∞	1	0	1	0.062	0.021
基本金属业	室外	∞	1	0	1	0.028	0.009
金属制品	室内	15	1	0.039	0.692	0.271	0.068
	室外	∞	1	0	0.125	0.143	0.036
机械设备	室内	15	1	0.022	0.584	0.140	0.035
	室外	∞	1	0	0.125	0.081	0.020

续表

点火源	位置	A_i	P_i	λ_i/min	a_i	μ_i/ha	
						白天	晚上
电气设备	室内	15	0.4	0.0347	0.98	0.145	0.014
	室外	∞	1	0.0083	0.042	0.065	0.006
	室外	∞	1	0.0083	0.2813	0.080	0.008
运输	室内	15	1	0.022	0.584	0.051	0.013
	室外	∞	1	0	0.125	0.029	0.007
其他	室内	15	0.6	0.037	0.862	0.170	0.026
	室外	∞	1	0	0.25	0.077	0.012
车辆修理	室外	∞	0.4	0.042	0.861	0.115	0.000
批发商	室内	15	0.3	0.0167	0.25	0.564	0.000
	室外	∞	1	0.033	0.0033	0.564	0.000
公路车辆	室外	∞	0.1	0	1	0.510	0.130
火车	室外	∞	0.5	0	1	0.000	0.000
交通信号灯	室外	∞	1	0.1[1]/0.05[2]	0	0.004	0.004

[1] 白天;

[2] 晚上。

表 3.3 白天与晚上城区和乡村地区的点火源数据汇总(Spencer 等，1998)

点火源	位置	A_i/个	区域	时间	μ_i/ha	P_j	λ_i/min	a_j
公路车辆	室外	∞	城区	白天	0.51	0.1	0	1
				晚上	0.13	0.1	0	1
			乡村	白天	0.027	0.1	0	1
				晚上	0.0068	0.1	0	1
交通信号灯	室外	∞	城区	白天	0.004	1	0.02~1	0
				晚上	0.004	1	0~0.01	0
火车	室外	∞	城区	白天	2.1×10^{-4}	0.5	0	1
				晚上	7.4×10^{-5}	0.5	0	1
			乡村	白天	2.6×10^{-5}	0.5	0	1
				晚上	9.2×10^{-6}	0.5	0	1
封闭式燃烧器相关设施	室外	∞	城区	白天	2.33	1	0	0.05
				晚上	2.33	1	0	0.125
			乡村	白天	1.7×10^{-3}	1	0	0.05
				晚上	1.7×10^{-3}	1	0	0.125

续表

点火源	位置	A_i/个	区域	时间	μ_i/ha	P_j	λ_i/min	a_j
偶发火灾	室外	∞	城区	白天	8.28	1	2.2×10^{-5}	2.6×10^{-2}
				晚上	8.28	1	3.4×10^{-6}	4.1×10^{-4}
			乡村	白天	0.20	1	2.5×10^{-4}	3.0×10^{-2}
				晚上	0.20	1	5.7×10^{-6}	6.8×10^{-4}
家务工作	室内	2	城区	白天	8.28	1	0	0.5
				晚上	8.28	1	0	0.5
			乡村	白天	0.20	1	0	0.5
				晚上	0.20	1	0	0.5
餐厅与公共场所	室内	2	城区	白天	0.034	1	0	0.5
				晚上	0.034	1	0	0.3
			乡村	白天	9×10^{-4}	1	0	0.5
				晚上	9×10^{-4}	1	0	0.3
商店	室内	2	城区	白天	0.27	1	0	0.75
			乡村	白天	0.007	1	0	0.75
医院	室内	2	城区	全天	9×10^{-4}	1	0	1
办公楼	室内	2	城区	白天	0.16	1	0	0.75

3.2.1.3 工业厂区内点火概率的计算方法推导

在报告中(Daycock 和 Rew,2004)总结了他们之前的工作,并在此基础上做了扩充。在该报告的前半部分有非常好的对点火源控制的相关讨论,但本书已有相同的讨论内容而并未引用。

该报告继续提出了表3.4~表3.8中包含的点火概率修正因子。

点火源控制:关于使用"系统"修正因子的讨论——本书中有一个基本假设,即所关注装置的过程安全管理(PSM)系统具备一个基本的能力水平。在基于这种PSM 基本能力水平的基础上使用事件概率修正因子时,如何保证分析结果的一致性?分析专家小组是否会在做定量风险分析(QRA)或保护层分析(LOPA)之前,先对装置的 PSM 系统水平进行分析审核吗?

使用修正因子有利也有弊。一方面,在过程安全管理(PSM)中"刺激"优势,并间接地为该优势提供经济奖励貌似很公平。但是这样的方法其实存在逻辑缺陷。例如,假设这些修正因子要应用在保护层分析(LOPA)中,分析结果是如果没有使用修正因子就应采用更高安全完整性的联锁。如果装置没有对电子化文档系统进行有效维护(这是一个较差的过程安全管理的典型特征),由此必将导致更高的安全完整性等级。简单的"提高"安全完整性等级结果是否就必然可以提升联锁的可靠性？类似这样的问题应该在应用过程安全管理(PSM)或其他系统的修正因子时进行充分考虑。

表3.4　点火源控制的有效性(Daycock 和 Rew，2004)

点火控制	修正因子		总的点火概率
理想	0	没有	设计与维护保证任何时候都不会存在点火源
很好	0.1	很小	已有良好设计与维护，点火只在极少见情况下发生
典型(良好)	0.25	有限	为满足标准要求而设计与常规性维护，正常操作中不存在点火源，但在系统失效或环境条件变化时不能避免点火源的产生
较差	0.5	较差	不满足标准设计要求与维护不善，将增加点火源发生概率
没有	>0.5	没有	没有参照标准，几乎没有维护操作，将显著增加点火源发生概率

点火源相关参数——表3.5~表3.8中的缩写定义如下：

P——点火源激活且与气体接触的概率；

t_a——点火源被激活的时间间隔；

t_i——点火源激活时间；

a——点火源的激活概率$[=t_a/(t_a+t_i)]$；

λ——点火源开始能点火气体时的频率，min，$\lambda=1/(t_a+t_i)$。

举例来说，只考虑一个泄漏源的泄漏场景，点火源取表3.5中描述中的三种(表3.6)，点火源100%被可燃气云覆盖1min。使用式(3-1)：

$$Q_A = Q_{A1} Q_{A2} \cdots Q_{AJ} = \prod_{j=1}^{J} Q_{Aj} = \prod_{j=1}^{J} \{\exp\{\mu_j A [(1-a_j P_j) e^{-\lambda_j P_j t} - 1]\}\}$$

计算得以下结果：

μ——假设的点火源分布密度，ha。

表3.5　白天与晚上的城区和乡村地区的点火源数据汇总(Daycock 和 Rew，2004)

用地类型	点火源	基础算例或"标准"算例，点火源数据						
		P	t_a	t_i	a	λ	μ	位置
1.停车场	高峰期车辆	0.2	6	474	0.0125	0.0021	160	外
	其他车辆	0.2	6	54	0.1	0.0167	3	外
	烟	1	10	470	0.021	0.0021	8	外

用地类型	点火源	基础算例或"标准"算例，点火源数据						
		P	t_a	t_i	a	λ	μ	位置
2.道路	高峰期车辆	0.1	6	474	0.0125	0.0021	160	外
	其他车辆	0.1	6	54	0.1	0.0167	3	外
	运输车辆	0.1	6	24	0.2	0.0333	20	外
	交通控制	1	0	15	0	0.0667	20	外
3.受限道路	运输车辆	0.2	6	24	0.2	0.0333	20	外
4.荒地	无	0	—	—	0	0	0	外
5.锅炉房	锅炉	1	120	360	0.25	0.0021	200	内
6~11.明火	连续的(室内)	1	—	0	1	0	200	内
	连续的(室外)	1	—	0	1	0	200	外
	不常见的(室内)	1	60	420	0.125	0.0021	200	内
	不常见的(室外)	1	60	420	0.125	0.0021	200	外
	间歇的(室内)	1	5	55	0.0833	0.0167	200	内
	间歇的(室外)	1	5	55	0.0833	0.0167	200	外
12.厨房	烟	1	5	115	0.042	0.0083	200	内
	炊具	0.25	5	25	0.167	0.0333	100	内
13~15.工艺区域	设备分布密集区	0.5	—	—	1	0.028	50	内
	设备分布中等区	0.25	—	—	1	0.035	50	内
	设备分布较少区	0.1	—	—	1	0.056	50	内
16.防爆区域	无	0	—	—	0	0	0	内
17.防爆区域(Ex.)	物料处理	0.05	5	25	0.167	0.0333	10	外
18.储存区域(Ex.)	物料处理	0.1	10	20	0.333	0.0333	10	外
19.办公区	设备分布较少区	0.05	—	—	1	0.056	20	内

表3.6　Daycock 和 Rew 计算举例

点火源	P	a	λ	μ	A	t	未点火概率	点火概率
持续明火	1	1	0	200	1	1	0	1
高峰期的停车场	0.2	0.0125	0.0021	160	1	1	0.627	0.373
储料区物料处理	0.1	0.333	0.0333	10	1	1	0.694	0.306

表3.7 具有"良好"点火控制措施的工业厂区内点火源数据(Daycock 和 Rew,2004)

用地类型	点火源	具有"良好"点火控制措施的工业厂区内点火源数据						
		P	t_a	t_i	a	λ	μ	位置
1.停车场	高峰期车辆	0.2	6	474	0.0125	0.0021	160	外
	其他车辆	0.2	6	54	0.1	0.0167	3	外
	烟	**0**	10	470	0.021	0.0021	8	外
2.道路	高峰期车辆	0.1	6	474	0.0125	0.0021	160	外
	其他车辆	0.1	6	54	0.1	0.0167	3	外
	运输车辆	0.1	6	24	0.2	0.0333	20	外
	交通控制	**0**	0	15	0	0.0667	20	外
3.受限道路	运输车辆	0.2	6	24	0.2	0.0333	20	外
4.荒地	无	0	—		0	0	0	外
5.锅炉房	锅炉	**0.5**	120	360	0.25	0.0021	200	内
6~11.明火	连续的(室内)	**0.5**	—	0	1	0	200	内
	连续的(室外)	**0.5**	—	0	1	0	200	外
	不常见的(室内)	**0.5**	60	420	0.125	0.0021	200	内
	不常见的(室外)	**0.5**	60	420	0.125	0.0021	200	外
	间歇的(室内)	**0.5**	5	55	0.0833	0.0167	200	内
	间歇的(室外)	**0.5**	5	55	0.0833	0.0167	200	外
12.厨房	烟	**0**	5	115	0.042	0.0083	200	内
	炊具	**0.1**	5	25	0.167	0.0333	100	内
13~15.工艺区域	设备分布密集区	**0.2**	—	—	1	0.028	50	内
	设备分布中等区	**0.1**	—	—	1	0.035	50	内
	设备分布较少区	**0**	—	—	1	0.056	50	内
16.防爆区域	无	0	—	—	0	0	0	内
17.防爆区域(Ex.)	物料处理	0.05	5	25	0.167	0.0333	10	外
18.储存区域(Ex.)	物料处理	0.1	10	20	0.333	0.0333	10	外
19.办公区	设备分布较少区	0.05	—	—	1	0.056	20	内

注:表中加黑字体表示与基础算例不同之处。

表 3.8 具有"较差"点火控制措施的工业厂区内点火源数据(Daycock 和 Rew，2004)

用地类型	点火源	具有"较差"点火控制措施的工业厂区内点火源数据						
		P	t_a	t_i	a	λ	μ	位置
1.停车场	高峰期车辆	**0.3**	6	474	0.0125	0.0021	160	外
	其他车辆	**0.3**	6	54	0.1	0.0167	3	外
	烟	1	10	470	**0.042**	0.0021	8	外
2.道路	高峰期车辆	**0.2**	6	474	0.0125	0.0021	160	外
	其他车辆	**0.2**	6	54	0.1	0.0167	3	外
	运输车辆	**0.2**	6	24	0.2	0.0333	20	外
	交通控制	1	0	15	0	**0.1333**	20	外
3.受限道路	运输车辆	0.2	6	24	0.2	0.0333	20	外
4.荒地	无	0	—	—	0	0	0	外
5.锅炉房	锅炉	1	120	360	0.25	0.0021	200	内
6~11.明火	连续的(室内)	1	—	0	1	0	200	内
	连续的(室外)	1	—	0	1	0	200	外
	不常见的(室内)	1	60	420	0.125	0.0021	200	内
	不常见的(室外)	1	60	420	0.125	0.0021	200	外
	间歇的(室内)	1	5	55	0.0833	0.0167	200	内
	间歇的(室外)	1	5	55	0.0833	0.0167	200	外
12.厨房	烟	1	5	115	0.042	0.0083	200	内
	炊具	**0.5**	5	25	0.167	0.0333	100	内
13~15.工艺区域	设备分布密集区	**1**	—	—	1	0.028	50	内
	设备分布中等区	**0.5**	—	—	1	0.035	50	内
	设备分布较少区	**0.2**	—	—	1	0.056	50	内
16.防爆区域	无	**0.05**	5	25	**0.167**	**0.0333**	50	内
17.防爆区域(Ex.)	物料处理	0.1	5	25	**0.333**	0.0333	10	外
18.储存区域(Ex.)	物料处理	0.1	10	20	**1**	**0**	10	外
19.办公区	设备分布较少区	0.05	—	—	1	0.056	20	内

注：表中加黑字体表示与基础算例不同之处。

Daycock 和 Rew 提出的点火概率计算模型对规定的软件有用，但不像本书提出的更广泛，"开源"的算法一样适用。其中一个作者提出他们的方法还没有验证对于低点火概率(<0.01)泄漏场景的计算。然而，总的来说，上述点火概率计算模型仍是一个可用的方法。

3.2.2 BEVI 风险评估手册(TNO 紫皮书)

本书是被行业内广泛熟知的 TNO 紫皮书，由荷兰政府相关监管人员提出的用于定量风险分析的数据和计算方法。然而，紫皮书已被监管部门发布的风险评估书籍《BEVI 风险评估参考手册》(RIVM, 2009)所取代。在表 3.9 ~ 表 3.11 中给出了规定的点火概率。

表 3.9　固定装置的点火概率

物质分类	连续泄漏	瞬时泄漏	立即点火概率
0 类中等/高反应活性	<10kg/s	<1000kg	0.2
	10~100kg/s	1000~100000kg	0.5
	>100kg/s	>10000kg	0.7
0 类低反应活性	<10kg/s	<1000kg	0.02
	10~100kg/s	1000~100000kg	0.04
	>100kg/s	>10000kg	0.09
1 类	任意泄漏速率	任意泄漏质量	0.065
2 类	任意泄漏速率	任意泄漏质量	0.01
3 类、4 类	任意泄漏速率	任意泄漏质量	0

表 3.10　设施内运输装置直接点火概率

物质分类	运输工具	场景	立即点火概率
0 类	槽车	连续	0.1
	槽车	瞬时	0.4
	罐车	连续	0.1
	罐车	瞬时	0.8
	天然气船	连续, 180m³	0.7
	天然气船	连续, 90m³	0.5
	半水煤气船	连续	0.7
1 类	油罐车、油罐船	连续	0.065
		瞬时	
2 类	油罐车、油罐船	连续	0.01
		瞬时	

物质分类	运输工具	场景	立即点火概率
3 类、4 类	油罐车、油罐船	连续	0
		瞬时	

目前还不清楚这些信息是更多的基于实际"数据"还是专家的意见和推测。从书中提到的室内点火概率几乎都是室外同类型点火概率的一半，可能更多基于后者。当然，毫无疑问作者已经考虑了现有可用的数据。

"直接点火"更多是指自燃事件，而不是接触到其他点火源，如燃烧的加热炉。紫皮书介绍了一个瞬时泄漏后直到在泄漏点附近形成蒸气云后才出现"直接点火"的例子。所以本书所指的"直接点火"与"立即点火"是两个不同的概念，但是通常会产生相同的最终影响。

表 3.11 可燃性物质分类

分类	WMS 分类	NFPA 等级	范　　围
0 类	极易燃	IA	液体，闪点 0℃ 以下且沸点（或起始沸腾温度范围）不高于 35℃。气体，在常压常温空气中暴露会自燃
1 类	非常易燃	IB	液体，闪点 21℃ 以下，不是极易燃的物质
2 类	易燃	IC/II	液体，闪点在 21~55℃ 之间
3 类		IIIA	液体，闪点在 55~100℃ 之间
4 类		IIIB	液体，闪点高于 100℃

注：1. 装载场景的点火概率基于表 3.2。

2. 如果 2 类、3 类和 4 类物质的工艺温度超过其闪点，那么应使用 1 类物质的直接点火概率。

3. NFPA 等级一列表示的是最接近的 NFPA 等级类型，并不表示其与 NFPA 等级完全匹配。

另一表格和公式清楚地描述了点火源"强度"和暴露时间与点火概率（POI）之间的关系，这里假设采用发生或扩散至厂外的泄漏。表 3.12 综合了"RIVM"与紫皮书中的数据。下面的数据假设可燃气云与点火源是相互接触的。

表 3.12 多个点火源对可燃气云的点火概率（1min）

点火源形式	点火源	点火概率
点源	相邻工艺装置	0.5
	火炬	1.0
	炉子（室外）	0.9
	炉子（室内）	0.45
	锅炉（室外）	0.45
	锅炉（室内）	0.23
	机动车辆	0.4

续表

点火源形式	点火源	点火概率
点源	船	0.5
	运输船上可燃物料	0.3
	火车(柴油驱动)	0.4
	火车(电驱)	0.8
线源	高压电线(每100m)	0.2
	道路/轨道	见表后注释
面源	化工厂	0.9/厂区
	炼油厂	0.9/厂区
	重工业区	0.7/工业区
	轻工业区仓库	按照人员点火源考虑
人员	居民区(每人)	0.01
	办公区(每人)	0.01

道路/轨道线点火源注释：靠近设施或运输路线的道路/轨道的点火概率由平均交通密度决定。(复述：表3.12中注释)平均交通密度 d 由以下公式计算：

$$d = NE/v \tag{3-2}$$

式中　N——每小时车辆数，h^{-1}；

　　　E——道路/轨道长度，km；

　　　v——车辆平均速度，km/h。

如果 $d > 1$，d 表示可燃气云经过时点火源出现的概率，在 $0 \sim t$ 时间间隔内，点火概率 $P(t)$ 等于：

$$P(t) = d(1 - e^{-\omega t}) \tag{3-3}$$

式中　ω——一辆车的点火效率，s^{-1}。

如果 $d \leqslant 1$，d 表示可燃气云经过时平均点火源数量，在 $0 \sim t$ 时间间隔内，点火概率 $P(t)$ 等于：

$$P(t) = d(1 - e^{-\omega t}) \tag{3-4}$$

式中　ω——一辆车的点火效率，s^{-1}。

以上公式考虑的是厂内使用频率不高的道路，其相关参数定义如下：

$$N = 20/h$$

$$E = 0.03km(假设与道路接触时可燃气云的宽度)$$

$$v = 25km/h$$

$$\omega = 0.4/min \sim 0.007/s$$

进一步假设道路的隔离或车辆意识到不应该从可燃气云中穿过有 5min 的滞后。

那么　　$d = 20 \times 0.03/25 = 0.024$，$P = 0.024 \left[1 - e^{-(0.024)(0.007)(300)} \right] = 0.0012$

　　表格说明：与现有大多数点火概率数据一样，表 3.12 主要基于专家意见，个别公司可能会有不同的结果。例如，有一个公司已经发现两次接触到高压电线的蒸气云被点燃，尽管这可能是蒸气云长期暴露在点火源的结果或仅仅是运气不好。

3.2.3　HSE/Crossthwaite 等人

　　这些研究人员（Crossthwaite 等，1988）研究的是用于液化石油气（LPG）装置风险评估的点火概率。图 3.1 是作者给出的一个事件树示例，其他的如"容器部分失效"和"管线泄漏"事件树不在此重复。注意某些参数值（例如，气象条件 F2 或 D5 的时间比例）在软件中是固定的，以保证计算结果一致。

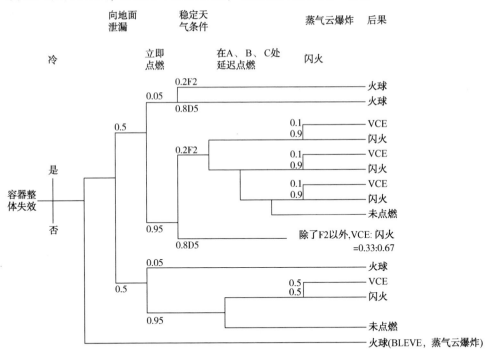

图 3.1　容器整体失效的点火概率

　　图中给出的是结合了泄漏方向、气象条件以及点火概率等条件概率的事件树。该事件树有些过时，因此只能作为本文的一个参考。

3.2.4　HSE/Thyer

　　表 3.13 是对 HSE（Thyer，2005）海上设施数据的回顾，里面给出了各种泄漏

情景的点火概率，这些情景包含不同泄漏尺寸、相态和区域等级的影响。

表 3.13 各种泄漏场景的点火概率

流体类型	区域分级	泄漏尺寸	泄漏数	点火数量	点火百分比/%	可能性
	区域1	主要的				
	区域1	重要的	49			
	区域1	较小的	78			
	区域2	主要的	6			
油品	区域2	重要的	159	4	2.5	1/40
	区域2	较小的	220	7	3.2	1/31
	未分级	主要的				
	未分级	重要的	4	0		
	未分级	较小的	9			
油品汇总			**526**	**11**	**2.1**	**1/48**
	区域1	主要的	22			
	区域1	重要的	227	3	1.3	1/75
	区域1	较小的	106	6	5.7	1/18
	区域2	主要的	88			
气体	区域2	重要的	689	14	2.0	1/49
	区域2	较小的	353	21	5.9	1/17
	未分级	主要的	4			
	未分级	重要的	16		6.3	1/16
	未分级	较小的	21		4.8	1/21
气体汇总			**1526**	**46**	**3.0**	**1/33**
	区域1	主要的	0	0		
	区域1	重要的	10			
	区域1	较小的	38	2	5.3	1/19
	区域2	主要的				
冷凝物	区域2	重要的	46			
	区域2	较小的	110	8	7.3	1/14
	未分级	主要的				
	未分级	重要的	1	1	100	1
	未分级	较小的				

续表

流体类型	区域分级	泄漏尺寸	泄漏数	点火数量	点火百分比/%	可能性
冷凝物汇总			206	11	5.3	1/19
两相	区域1	主要的	8			
	区域1	重要的	41			
	区域1	较小的	11			
	区域2	主要的	21			
	区域2	重要的	112			
	区域2	较小的	27			
	未分级	主要的	2			
	未分级	重要的	4	0		
	未分级	较小的				
两相汇总			226	0		
非工艺	区域1	主要的	1	0		
	区域1	重要的	14	1	7.1	1/14
	区域1	较小的	21	8	38.1	1/3
	区域2	主要的	6			
	区域2	重要的	86	16	18.6	1/5
	区域2	较小的	131	53	40.5	1/2
	未分级	主要的				
	未分级	重要的	18	2	11.1	1/9
	未分级	较小的	53	16	30.2	1/3
非工艺			330	96	29.1	1/3

注：区域1—正常操作情况下可能偶然发生爆炸环境的区域；

区域2—正常操作情况下不可能偶尔发生爆炸环境的区域，而且即使有可能发生，概率也很低而且仅会短时间出现；

未分级—在空气中不会存有任何浓度的可燃蒸气、气体、液体或粉尘的区域。

Thyer(2005)中还包含了其他数据表，如公用工程各种流体(柴油、甲醇等)相关的点火。但是数据量不大，而且对泄漏点进行定义，所以数据的参考意义不大。

3.2.5 HSE/Gummer 和 Hawksworth——氢气

2008 年，HSE 发表了一篇对于氢气点火的综述。其对氢气自燃的潜在机理做出了详细地论述，但没有以概率的形式表达。每种潜在机理以及对其的见解在第 1 章有概括。

值得注意的是，对这里 81 个氢气泄漏事件进行回顾，从开始泄漏到点火，存在时间上的点火延迟只有 4 个事件。其他事件是否也是被点燃的，只能做假设，但不确定。如果是，则可以假设氢气的立即点火概率非常高，延迟点火的概率非常低。这一结论与 Dryer 等的立即点火概率观点相对比，是相反的。

3.2.6　Cawley/美国矿山局

这篇文章（Cawley，1988）回顾了"低能量源"点燃混合物的潜在可能性，尤其是空气中含有 8.3% 甲烷的混合物。在找到的文献资料当中，唯独这一篇给出了点火概率的实验值，在一些情况下非常低（10^{-6} 以下）。各类电路的结果见图 3.2 和图 3.3。

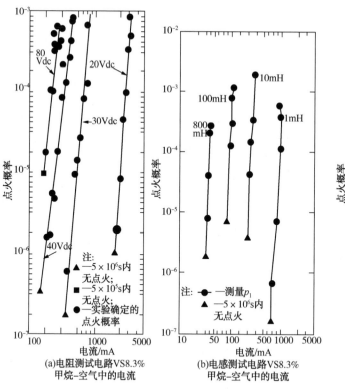

图 3.2　火花点火概率

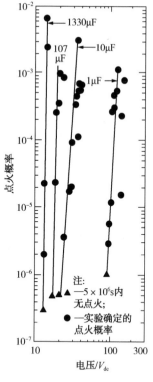

图 3.3　在 8% 甲烷-空气环境下电容与电压测试电路的火花点火概率

3.2.7   Canvey

这个文件(HMSO，1981)提出了以下用于风险评估的点火概率：

陆上设施泄漏

点火源数量	点火概率
无	0.1
非常少	0.2
少	0.5
很多	0.9

码头设施泄漏

概率	火灾/爆炸后	撞击后
立即点火(30s内)	0.6	0.33
延迟点火(0.5min至数分钟内)	0.3	0.33
未点火	0.1	0.33

运输过程中的云点火

云团经过区域	点火概率
开放区域	0
工业装置区	0.9
气体码头	0.5

但是这些信息已过时，且在当时被认为是基于"判断"。因此，这个专家的意见虽可以考虑，但相对于其他来源，权重不大。

3.2.8   Witcofski(NASA)液态氢

美国宇航局(NASA，Witcofski，1981)分析了 7 次在不同气相条件下 5.7m^3 液态氢泄漏，泄漏时间为 24~240s。研究的目的是评估泄漏的扩散特性，因此作者也指出："没有试图去点燃流出物，也没有溢出物被点燃"。

值得注意的是，流出的物料直接通过一条长管道进入一个地面溢流池，溢流池甚至扩散的云周边(大约 100m)没有明显的点火源。这可以去掉第 1 章中提出的一些氢气点火机理。

3.3 行业组织开发的信息

以下是行业组织提出的一种又一种形式的信息。

3.3.1 Cox/Lees/Ang

泄漏速率和点火概率之间的定量关系，可能最早引自于 Cox、Lees 及 Ang (1990)。里面提到的定量关系基于海上事件数据，并且有些已过时，所以有可能不能反映当前的陆上操作。但其仍然被广泛地使用(表 3.14)。

表 3.14 预估点火概率(Cox 等，1990)

泄漏尺寸	点火概率	
	气体	液体
小(<1kg/s)	0.01	0.01
中(1~50kg/s)	0.07	0.03
大(>50kg/s)	0.3	0.08

Cox 等(1990)也以一种方式绘制了这些点，可以使用以下公式:

$$POI_{气态} = 0.0156 \times Flow^{0.642} \tag{3-5}$$

$$POI_{液态} = 0.0131 \times Flow^{0.393} \tag{3-6}$$

这里的流量单位为千克每秒(kg/s)。

这一来源还引用了早些时候关于爆炸概率的研究，并为"标准工厂"提出以下建议(表 3.15)。

表 3.15 预估爆炸概率(Cox 等，1990)

泄漏尺寸	爆炸概率	
小(<1kg/s)	0.01	0.01
大(>50kg/s)	0.3	0.08

Daycock 和 Rew(2004)从 Cox 等人中总结的信息见表 3.16，该表的开发也对一些事故进行了回顾，然而有一些信息可能是基于专家意见而不是实际数据。

表 3.16 中 10^{-4} 这个值显示了低泄漏速率对点火概率的影响。但这个值低于现在大多从业者通常评估所关注的泄漏或释放的概率值，或对 POI 下限的假设值，这个值可以代表非常小的事件或者其他工厂泄漏通常不会应用的场景，甚至更小的场景。

表 3.16 各类事故回顾预估点火概率(**Daycock 和 Rew，2004 从 Cox 等人中总结得出**)

来源	泄漏类型	泄漏尺寸	位置	点火概率	意见
Kletz	聚乙烯 VCE	小	装置附近或装置内	10^{-4}	与空气充分混合
	氢和碳氢化合物混合〔热，在 250bar（1bar $=1\times10^5$Pa）〕	中等	装置附近或装置内	0.033	
		>10t		0.1~0.5	
Browning（1969）	LPG 泄漏	大量	装置附近或装置内	0.1	假设无明显点火源及防爆电气设备，如果有强点火源需乘 10
	可燃液体，闪点<11℉	中等		0.01	
	可燃液体，闪点 110~200℉	中等		0.001	
Canvey Report 第 1 次（1978）	LNG 蒸气云	受限	装置附近或装置内	0.1	
		大量		1	
Canvey Report 第 2 次（1981）	LNG 蒸气云	中等	装置内	0.1	无点火源
				0.2	极少量点火源
				0.5	少量点火源
				0.9	很多点火源
Dahl（1983）	气体	大量	海上	0.3	123 个事故基础
	油			0.08	12 个事故基础

3.3.2　E&P 论坛

E&P 论坛(1996)收集了大量与本章相同的海上数据。点火概率的表格在这里不再赘述。表 3.17 摘自于世界海上事故数据库(World Offshore Accident Database，WOAD，1994)，其中对点火源进行了描述。

表 3.17　**海上平台点火源分布(E&P Forum 1996，from WOAD 1994)**

点火类型	百分比
电气设备	9%
热作业	39%
旋转机械	26%
排放	17%
破裂点火	9%

这并不是说海上点火源的分布必然对应于陆上点火源，但这可能会提供一些关于各类点火源的相对强弱的信息。

3.3.3 API RBI

美国石油学会基于风险的检验标准(American Petroleum Institute's Risk-Based Inspection StandardAPI, 2000)推荐了炼油厂泄漏的点火概率(表 3.18 ~ 表 3.21)。这些表的好处是，尽管不是明确地从数据中得来，但这些信息是为陆上设施提供的。此外，与几乎所有其他参考文献不同，API 表格详细考虑了化学品类型、泄漏物质的状态和点火结果的类型。

表 3.18　特定事件概率–持续泄漏，可能自燃[1](API, 2000)

流体	最终状态气态–处理以上 AIT 后的结果					
	点火	VCE	火球	闪火	喷射火	池火
$C_1 \sim C_2$						
$C_3 \sim C_4$						
C_5						
$C_6 \sim C_8$	1				1	
$C_9 \sim C_{12}$	1				1	
$C_{13} \sim C_{16}$	1				0.5	0.5
$C_{16} \sim C_{25}$	1				0.5	0.5
C_{25+}						1
H_2						
H_2S						
流体	最终状态气态–处理以上 AIT 后的结果					
	点火	VCE	火球	闪火	喷射火	池火
$C_1 \sim C_2$	0.7				0.7	
$C_3 \sim C_4$	0.7				0.7	
C_5	0.7				0.7	
$C_6 \sim C_8$	0.7				0.7	
$C_9 \sim C_{12}$	0.7				0.7	
$C_{13} \sim C_{16}$						
$C_{16} \sim C_{25}$						

续表

流体	最终状态气态-处理以上 AIT 后的结果					
	点火	VCE	火球	闪火	喷射火	池火
C_{25+}						
H_2	0.9				0.9	
H_2S	0.9				0.9	

①必须在高于自燃点(AIT)80℉以上的温度处理。

表 3.19　特定事件概率-瞬时泄漏，可能自燃[①](API，2000)

流体	最终状态液态-处理以上 AIT 后的结果					
	点火	VCE	火球	闪火	喷射火	池火
$C_1 \sim C_2$	0.7		0.7			
$C_3 \sim C_4$	0.7		0.7			
C_5	0.7		0.7			
$C_6 \sim C_8$	0.7		0.7			
$C_9 \sim C_{12}$	0.7		0.7			
$C_{13} \sim C_{16}$						
$C_{16} \sim C_{25}$						
C_{25+}						
H_2	0.9		0.9			
H_2S	0.9		0.9			

流体	最终状态气态-处理以上 AIT 后的结果					
	点火	VCE	火球	闪火	喷射火	池火
$C_1 \sim C_2$	0.7		0.7			
$C_3 \sim C_4$	0.7		0.7			
C_5	0.7		0.7			
$C_6 \sim C_8$	0.7		0.7			
$C_9 \sim C_{12}$	0.7		0.7			
$C_{13} \sim C_{16}$						
$C_{16} \sim C_{25}$						
C_{25+}						
H_2	0.9		0.9			
H_2S	0.9		0.9			

①必须在高于自燃点(AIT)80℉以上的温度处理。

表 3.20 特定事件概率-持续泄漏，不自燃[①]（API，2000）

流体	最终状态液态-处理以上 AIT 后的结果					
	点火	VCE	火球	闪火	喷射火	池火
$C_1 \sim C_2$						
$C_3 \sim C_4$	0.1					
C_5	0.1				0.02	0.08
$C_6 \sim C_8$	0.1				0.02	0.08
$C_9 \sim C_{12}$	0.05				0.01	0.04
$C_{13} \sim C_{16}$	0.05				0.01	0.04
$C_{16} \sim C_{25}$	0.02				0.05	0.015
C_{25+}	0.02				0.05	0.015
H_2						
H_2S						
流体	最终状态气态-处理以上 AIT 后的结果					
	点火	VCE	火球	闪火	喷射火	池火
$C_1 \sim C_2$	0.2	0.04		0.06	0.1	
$C_3 \sim C_4$	0.1	0.03		0.02	0.05	
C_5	0.1	0.03		0.02	0.05	
$C_6 \sim C_8$	0.1	0.03		0.02	0.05	
$C_9 \sim C_{12}$	0.05	0.01		0.02	0.02	
$C_{13} \sim C_{16}$						
$C_{16} \sim C_{25}$						
C_{25+}	0.02					
H_2	0.9	0.4		0.4	0.1	
H_2S	0.9	0.4		0.4	0.2	

①处理温度不太可能低于自燃点+80℉。

表 3.21 特定事件概率-瞬时泄漏，不自燃[①]（API，2000）

流体	最终状态液态-处理以上 AIT 后的结果					
	点火	VCE	火球	闪火	喷射火	池火
$C_1 \sim C_2$						
$C_3 \sim C_4$	0.1					0.1
C_5	0.1					0.1

流体	最终状态液态-处理以上 AIT 后的结果					
	点火	VCE	火球	闪火	喷射火	池火
$C_6 \sim C_8$	0.1					0.1
$C_9 \sim C_{12}$	0.05					0.05
$C_{13} \sim C_{16}$	0.05					0.05
$C_{16} \sim C_{25}$	0.02					0.02
C_{25+}	0.02					0.02
H_2						
H_2S						
流体	最终状态气态-处理以上 AIT 后的结果					
	点火	VCE	火球	闪火	喷射火	池火
$C_1 \sim C_2$	0.2	0.04	0.01	0.15		
$C_3 \sim C_4$	0.1	0.02	0.01	0.07		
C_5	0.1	0.02	0.01	0.07		
$C_6 \sim C_8$	0.1	0.02	0.01	0.07		
$C_9 \sim C_{12}$	0.04	0.01	0.005	0.025		
$C_{13} \sim C_{16}$						
$C_{16} \sim C_{25}$						
C_{25+}						
H_2	0.9	0.4	0.1	0.4		
H_2S	0.9	0.4	0.1	0.4		

①处理温度不太可能低于自燃点+80℉。

这些数据是有用的，因为它比大多数来源更详细地提出了物质类型的影响，并且还讨论了自燃点的影响。该出版物的 2009 版本对上表进行了扩展。

3.3.4　API RP 2216

该出版物(API，2003)明确地处理了露天热表面点火的问题，而不是自燃点温度的实验值。该 API 文件指出：

- 热表面点火泄漏易燃物所需的温度通常远高于其自燃点温度(AIT)。
- 泄漏被点燃的可能性，不仅与热表面的温度有关，还与热表面的接触面积有关。
- 接触持续时间越长，点火的机会越大。

下面提供了一些有趣的数据来支持这些观点(表3.22和表3.23)。

表 3.22 在正常风和对流条件下的露天自燃实验(API, 2003)

碳氢化合物	公布的点火温度(接近测试时的温度)		表面热温度,没有发生点火	
	℃	℉	℃	℉
汽油	280~425	540~800	540~725	1000~1335
汽轮机油	370	700	650	1200
轻石脑油	330	625	650	1200
乙醚	160	320	565	1050

表 3.23 点火延迟时间对自燃温度的影响(API, 2003)

点火延迟/s	100		10		1	
点火温度	℃	℉	℃	℉	℃	℉
碳氢化合物						
戊烷	215	419	297	567	413	775
己烷	216	421	288	550	384	723
庚烷	202	396	259	498	332	630

表3.24也来自该报告,指出了露天风速对点火温度的影响。

表 3.24 风速对煤油自燃测试的影响(API, 2003)

热表面风速		点火所需表面温度	
m/s	ft/s	℃	℉
0.3	1	405	760
1.5	5	660	1220
3	10	775	1425

该出版物继续提到在海上事件中35%的火灾是由热表面点火的,"通常是发动机或透平驱动的排气系统管道"。

然而,迄今未提及的热表面如高压蒸汽管道会点燃更重的油品。要知道600psig饱和蒸气的温度约为490℉。因此,如果长时间接触且热表面温度超过阈值,蒸气管道足以点火很多种可燃物质。重大泄漏很可能会有长时间接触。

3.3.5 IEEE(电气和电子工程师协会)

IEEE的一个小组对第3.3.4节API实验应用于异步电动机进行了评估。论文(Hamer 等，1999)描述了异步电动机[3hp 和 20hp，hp 为功率单位马力(匹)，1hp=735W]的一些测试结果，异步电动机的转子上贴了热电偶贴片，以测量转子运行和锁定工况下的温度。从这些实验得出以下结论：

- 对于所测试的化学品(二乙醚、四氟乙烯、己烷)，在热转子静止时，点火温度高于自燃点(AIT)20~122℃。
- 对二乙醚，在电机运转时，点火温度仅高于自燃温度(AIT)69℃。注意，因为运行转子的设计温度限制在 300℃，所以在约 350℃ 的温度下实验停止。
- 基于以上，Hamer 等(第 110 页)说"异步电动机内的热表面对易燃蒸气的点火风险并不大，除非是自燃点(AIT)低于 200℃ 的少量物质"。

概括来说，这些结果与 API 2216 是一致的，即热表面的点火温度要高于自燃点(AIT)，并且在活动的条件下点火温度会更高(类似于 API 实验中的高风速工况)。

值得注意的是，在某些情况下，特别是对于 AIT 很低的物料，当检测到可燃释放时，不应关闭发电机。

3.3.6　英国能源协会(UK Energy Institute)

在 2006 年，英国能源协会与赞助者英国海上作业者协会(UKOOA)和英国健康与安全部共同发表了一个用于 QRA 分析的点火概率模型(UKEI，2006)。此模型考虑了大量相关变量，并结合了覆盖在厂区总平图上的扩散模型。后者所涉及要比本书的范围还广。

UKEI 模型和本书所提到方法的主要区别有：

- 虽然陆上流程工厂包含在内，但 UKEI 模型主要关注的是海上和液化石油气(LPG)的应用。
- UKEI 模型在对物质基础的物理化学性能方面结合得不够深入。例如，告诉使用者在温度高于自燃点(AIT)时假设点火概率(POI)为 1。但根据第 1 章的讨论结果，这并不完全正确(而且可能低估了爆炸风险)。建议对于最小点火能量较低的物质做一些简单的修正，而不是这里用的高精度校正。

虽然两种方法所关注的有区别，仍对 UKEI 方法有独特见解或对现有方法验证的部分进行了提取。UKEI 中值得注意的发现将在下面讨论。

这些结果常拿来与 Cox/Lees/Ang 所得结果比较，总体来说，Cox/Lees/Ang 的点火概率结果要比 UKEI 高许多(系数从 1~10)。UKEI 的作者提出，部分原因可能是由于现在的工厂比 Cox/Lees/Ang 那个时代具有更严格的控制措施。

UKEI 提到"……最近几年很少或没有新数据曝光……这类数据不允许点火建模中一些特定变量出现，比如通风的影响，需要进一步调查的泄漏类型或位置。"

表格 3.25 给出了陆上设施装置区外的点火源密度。在更大范围的点火概率预测时，模型做到按天区分似乎不太好，而且这需要额外的输入。除非可能在第 3 级时需要。

表 3.25　陆上设施装置区外的点火源密度（UKEI，2006）

时间	工业（每公顷）	城市（每公顷）	乡村（每公顷）
白天	0.25	0.20	9.9×10^{-3}
夜晚	0.17	0.13	6.5×10^{-3}
平均	0.21	0.165	8.2×10^{-3}

注：点火源密度按公顷给出，$1ha = 10000m^2$。

表 3.25 依据早期的 HSE 报告（Spencer、Daycock 及 Rew 等文献），按具体设备类型基于白天/夜间进行了拆解；这些报告在表 3.26 中也有应用。

表 3.27 给出了时间对点火的影响，这些数据来自陆上数据。注意，这些数字是相对累积的点火概率（POIs），而不是绝对值。也就是说，点火概率（POI）数值是针对暴露时段的点火概率，包括既定时间和无限（>1000s）暴露时间。也要注意脚注，它对本书的意义很重要。

可以假设上述数值适用于具有相同标准要求的装置现场的点火源，以及具有英国类似的相同用地要求的装置外的点火源。不同地点、不同用地控制的结果可能会有非常大的区别。

表 3.26　典型的陆上工厂点火源密度（UKEI，2006）

用地类型	点火源	P	T_a	T_i	A	λ	M
工艺区	重型设备等级	0.5			1	0.028	50
工艺区	中型设备等级	0.25			1	0.035	50
工艺区	轻型设备等级	0.1			1	0.056	50
储藏区	物料处理	0.1	10	20	0.333	0.0333	10
办公区	轻型设备等级	0.05			1	0.056	20

表 3.27　点火时间汇总(UKEI, 2006)

装置类型	在 $t(s)$ 时间内相对累积点火概率					
	1	10	30	100	1000	>1000
工厂	0.22	0.29	0.36	0.63	0.94	1.0
运输	0.53	0.53	0.53	0.60	0.86	1.0
管道	0.24	0.30	0.31	0.39	0.61	1.0
CMPT/井喷	0.10			0.40	0.67	1.0
OIR12 海上[1]	0.89		0.92	0.97	0.99	1.0

[1]OIR12 数据是基于小泄漏且点火的"立即点火"事件, 大多数与 QRA 中的主要危害场景是无关的。"装置"在表格中的分布, 可能更多了代表了海上设施主要泄漏的点火时间分布。

关于泄漏速率, 点火概率(POI)曲线是典型的"S"形状, 这也许是简化且准确地处理该变量的一个合理依据。图 3.4 中的曲线是 UKEI 报告中几个曲线的平均曲线。

图 3.4 曲线对应式(3-7), 该公式最低限为 0.001, 最高限是 0.3。

点火概率 $=0.4[1-\exp(-0.005\times流速)]$

$$(3-7)$$

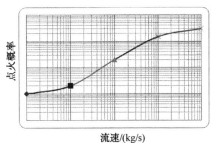

图 3.4　大型陆地装置的典型结果,
开放工厂区域(UKEI, 2006)

这份报告包含了很多不同情况下的这类图表, 仅这幅图代表了预期概率和速率之间的关系, 而其他大部分则不能代表。

3.4　学术界的研究发展

3.4.1　Roza 等人

Roza 等人(2007)第一次考虑了现有文献, 并归纳了由其他作者确定可以影响点火和爆炸概率的变量。这些变量包括:

- 泄漏量/溢出量;
- 物料性质;
- 事故类型;
- 点火源密度;

● 主导气象条件(风速或大气稳定性)。

第一、第二和第五个变量可以推测可燃云的尺寸。第三和第四个变量可能可以确定可能的点火源的存在及其类型,第二个变量可以确定点火发生所需的能量。

Ronza 等人得出一个类似于本书驱动力的结论:"数字是专家评判的结果还是历史分析的结果,不总是很明显…大部分情况下是作者使用这些历史数据并结合了专家的判定"。

Ronza 等人的特殊关注与运输应用相关。为此,他们使用了美国政府的两个数据库:

● 危险品事件报告系统(HMIRS, Hazardous Materials Incident Reporting System);
● 海洋调查模块(MINMOD, Marine Investigation Module),也称作海洋伤亡和污染数据库。

对于这个数据库的分析引出了一些可能有用的关系,其中一些在图 3.5~图 3.8 中给出。

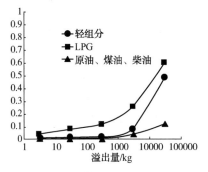

图 3.5　HMIRS 总点火概率,
基于烃的类型和溢出量的函数
(Ronza 等,2007)

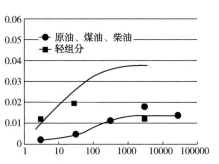

图 3.6　MINMOD 总点火概率,基于烃
的类型和溢出量的函数
(Ronza 等,2007)

在图 3.5~图 3.7 中,Y 轴是总点火概率,由 P_1(立即点火概率)加上立即点火的失败概率($\overline{P}_1 = 1 - P_1$)乘以 P_2(立即点火未发生时,延迟点火的概率)。图 3.8 是爆炸概率 P_3。

这些图强化了泄漏大小(这里表达的是泄漏的量而不是泄漏速率)对于点火概率影响的概念,泄漏物质的类型也是如此。注意,图 3.8 中这些点火

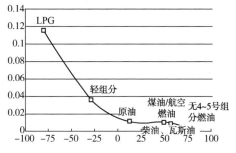

图 3.7　HMIRS 平均总点火概率,
基于溢出烃的平均闪点温度的
函数(Ronza 等,2007)

概率作为化学品泄漏的函数，是依据闪点温度的。点火也可能与一个或多个其他化学品性质的代表参数相关，比如摩尔质量、沸点、最小点火能量等。

虽然对主导的点火源没有进行评估，但这个资料对"典型"运输事件给出了有价值的见解，以及可能要考虑的已知变量对工厂事件点火/爆炸概率的影响。

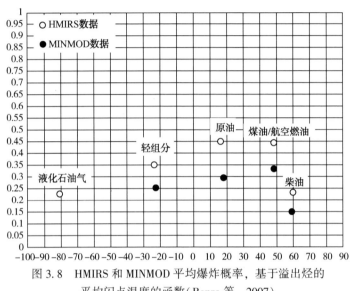

图 3.8　HMIRS 和 MINMOD 平均爆炸概率，基于溢出烃的
平均闪点温度的函数(Ronza 等，2007)

3.4.2　海上爆炸(拉夫堡——英国一个城镇)

拉夫堡大学一组研究人员(Foster 和 Andrews，1999)也研究了海上设施的点火。他们考虑了一些影响爆炸频率的变量，这其中有很多不适用于陆上流程工厂设施：

- 泄漏频率；
- 点火概率；
- 气体浓度检测时间；
- 防爆系统的可用性；
- 防爆系统的响应时间；
- 放空系统的可用性；
- 气体检测系统的可用性；
- 隔离系统的可用性；
- 泄漏源强度；
- 该地区历史数据，压强–时间；
- 通风速率；

● 气体-空气混合物的浓度-时间历史数据。

将这些变量考虑进事件树中，通过一个或多个由大量积分组成的冗长方程来计算结果。考虑本书的目的，现有这种方法过于复杂，难以用易懂的方式呈现给主题专家的普通读者。此外，其应用和环境假设与本书中的主要工厂应用是不同的，而且也不包括目前方法中感兴趣的一些变量。所以，Foster 和 Andrews 的成果没有直接被本书应用于点火概率算法的研究中。但是需要注意的是，上述许多变量与陆上设施的具体应用是相关的，尤其是室内操作。

3.4.3   Srekl 和 Golob

斯洛文尼亚(Srekl 和 Folob，2009)的研究人员调查了当地火灾统计数据来评估建筑物火灾频率，涉及广泛的活动区样本范围，其中大多数不是工业应用。有趣的是，他们发现可燃物的数量和火灾频率间并无关联。他们将此归因于斯洛文尼亚共和国的严格规定。

他们发现每十年(Nf)的预计火灾数量可以按如下预测：

$$Nf = 0.12 \times log\_hot + 0.42 \times Time \tag{3-8}$$

式中　 log_hot——可能的点火源总数和暴露时间的对数；

　　　 $Time$——建筑物每天的活跃使用小时数。

3.4.4   Duarte 等人

巴西(Duarte 等人)的一个研究小组对"被热表面点火"这一课题进行了详细地调查。造成点火的来自热表面的热传递与受热蒸气离开热表面的流动有关，这也解释其他观测者所发现的"热表面温度需要比自燃点温度(AIT)高出很多才能使点火发生"。这些研究人员用热表面将可燃气体限制起来(图 3.9)抑制受热气体的流动，结果降低了点火温度(表 3.28)。

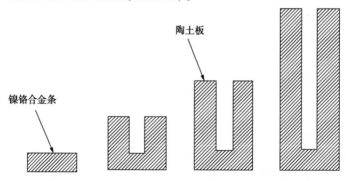

陶土板

镍铬合金条

图 3.9   受限对热表面点火温度影响的测试实验配置(Duarte 等)

表 3.28　按图 3.9 配置下的丙烷点火温度(Duarte 等)

配置	点火温度/℃
开放式	880~900
10mm 深	870~890
20mm 深	850~870
40mm 深	800~820

3.4.5　Swain——氢气点火

Swain 等人(2007)用实验的方法研究了泄漏氢气的点火。这项研究的结果表明增加压力对于提高点火概率(静电放电电位或总流量提高相关)的影响并不如期望的那么高。值得关注的现象是，如果物质火焰速度低于喷射速度，初期点火是否会被可燃物喷射的末端"吹灭"，而实验结果似乎也证实了这一点：

- 在相同的流量下，以 0.1Ma(马赫)速度泄漏的点火位置要远于在相同泄漏点以 0.2Ma 速度的泄漏(使用较小的孔径)；
- 在更远处的点火发生位置，在 0.1Ma 下氢气浓度大约为 7%(体积)，在 0.2Ma 下氢气浓度大约为 10%(体积)。

因为运营工厂在一定距离(约 5ft)不可能有很"难"点火的源，所以可以推断出，在源附近，氢气喷射点火的主导模式是静电点火。并且延迟点火概率(不仅是爆炸概率)与周围装置阻塞/受限程度有关，也就是说障碍会使喷射速度下降到使火焰能超过这个速度并向点火源回燃。

3.4.6　Dryer 等人——氢气和轻烃

Dryer 等人(2007)对氢气(和天然气)进行了一系列的实验，泄漏点区域存在阻塞和受限(如，氢气罐爆破片下游的管子/管件)将对点火有影响。导致这种燃烧的假设原理在第 1 章中有介绍。

点火现象仅在泄漏压力大于 200psig 时观察到。必要的限制是有效的，直到一条长约 1.5ft 的排放管线，低于该长度无点火发生。在长度超过大约 40ft 时点火同样消失，这可以归因为管道去除了燃烧热。

还有值得关注的是，泄漏到大气的实验中，失效压力高达 800psig 时不会发生点火。在许多加氢处理应用中遇到的不同高温情况下，结论可能会有不同。然而，在低点火温度下释放高压物流有很大的影响，在受限空间内的泄漏可能发生点火（比如泄压设施排放管线或法兰泄漏），但并不泄漏到开放空间（比如工艺容器的针孔泄漏）。

3.4.7　Britton——硅烷和氯硅烷

Britton（1990a）总结了硅烷和氯硅烷的危害，并提供了一些超越该化学类别的见解：

释放压力/速度——基于已有事件和良好判断，增加排放速度一般会增加点火的可能性，主要有两个原因：一是静电聚积；二是在给定孔径下，较高的排放速度等于产生更大的云且会覆盖更多的点火源。然而，Britton 记录的及其他人的工作却表明在某些机制下情况正好相反。在高流速下，火焰可能被吹熄（即排放速度超过回转火焰速度时，火焰被熄灭）。另外，有些观察发现硅烷混合物在点火源处并没有被点燃，直到释放接近停止时才被点燃。这是由于仅在释放速度足够低使得空气可以迁移回来时，释放点的着火组分才暴露于空气。

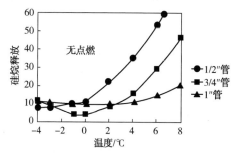

图 3.10　不同温度下硅烷点火的临界速度（Britton，1990）

速度/温度/孔径——图 3.10 给出了释放工况对硅烷点火的影响，这些影响有微小重复，且关系复杂，不能被严谨的引入一个通用的点火概率模型。但这可以证实一些观察结果，这些变量对于点火概率是很重要的。

3.4.8　Pesce 等人

在这篇文章中，作者使用英国能源协会的算法为起点，并对此及其他早期成果（比如 Rew 等人的成果）持续进行精炼和修改，开发了立即点火和延迟点火的规则，见表 3.29。

表 3.29　最小立即点火概率

物质组	$T_R \leq (T_{AI} - 27℃)$		
	$p \leq 2barg$	$2barg > p > 50barg$	$p \geq 50barg$
IIA	5%	10%	20%
IIB	10%	20%	30%

物质组	$T_R \leqslant (T_{AI} - 27℃)$		
	$p \leqslant 2\text{barg}$	$2\text{barg} > p > 50\text{barg}$	$p \geqslant 50\text{barg}$
IIC	20%	30%	40%

物质组	$(T_{AI} - 27℃) < T_R \leqslant (T_{AI} + 27℃)$		
	$p \leqslant 2\text{barg}$	$2\text{barg} > p > 50\text{barg}$	$p \geqslant 50\text{barg}$
IIA	60%	70%	80%
IIB	70%	80%	90%
IIC	80%	90%	95%

上表中"物质组"依据意大利分类编码，p 和 T_R 分别是工艺压力和温度，T_{AI} 是自燃点温度。表中 27℃ 是对 API 自燃/工艺温度调整 80℉ 的错误转换；27℃ 这个数值应是 44℃。

作者还根据点火源强度、标准点火源及热表面(译自 API，2216)下的物质组，对点火源"效率"进行了讨论，见表 3.30 和表 3.31。

表 3.30　产生火花的点火源效率因子

物质组	点火源强度				
	必定发生	强	中	弱	忽略
IIA	1	0.60	0.05	0.01	0
IIB	1	0.75	0.27	0.025	0
IIC	1	0.90	0.50	0.04	0

表 3.31　热表面效率因子

温度	效率因子值
$T_s < T_{AI}$	$\varepsilon = 0$
$T_{AI} \leqslant T_s \leqslant (T_{AI} + 105℃)$	$\varepsilon = 0.5$
$T_s > (T_{AI} + 105℃)$	$\varepsilon = 1$

注：表中 T_s 为热表面温度。

3.5　个体企业开发的信息

下面的信息来自活跃在点火概率/风险评估领域的个体企业。

3.5.1　Spouge

Spouge(1999)是与海上风险评估相关的出版物，其给出了点火概率的建议，虽来源于其他资料(表3.32)但是基于真实数据。

表 3.32　海上油气泄漏的预计点火概率(Spouge，1999)

泄漏速率类别	泄漏速率	气体泄漏点火概率	油品泄漏点火概率
细微	<0.5	0.005	0.03
小	0.5~5	0.04	0.04
中等	5~25	0.10	0.06
大	25~200	0.30	0.08
巨大	>200	0.50	0.10

该出版物提出了"判断"的建议(表3.33)，以考虑时间的影响，同时指出认同井喷数据，但不认同 HSE 数据。

表 3.33　海上延迟点火概率(Spouge，1999)

时间间隔/min	时间间隔内的点火概率	时间间隔末期的点火概率
0(立即)	0.10	0.10
0~5	0.20	0.30
5~20	0.37	0.67
20~60	0.29	0.96
>60	0.04	1.00

3.5.2　Moosemiller

行业协会组织(Moosemiller，2010)做了一些研究，结合了一些以前的文献，以及一些提出的算法，以涵盖之前没有提到的变量，但被认为是重要的变量。由此得到的关联如下：

3.5.2.1　立即点火概率

$$P_{\text{imm. ign.}} = (1 - 5000 \, e^{-9.5(T/AIT)}) + (0.0024 \times p^{1/3} / MIE^{2/3})$$

自燃点温度(AIT)和工艺温度(T)单位为华氏度(℉)，工艺压力(p)单位为 psig，MIE 单位为毫焦(mJ)。下面是该公式的约束条件：

- T 允许的最小值为 0；

- $T/AIT<0.9$ 时，P_{ai} (自燃的点火概率) $= 0$；
- $T/AIT>1.2$ 时，$P_{ai} = 1$；
- $P_{imm.ign.}$ 值不允许大于1。

上述公式中第一项代表了自动点火及在泄漏点或附件的某个源静电释放的贡献。

3.5.2.2 延迟点火概率 (PODI)

这个概率默认起始点为0.3，然后按以下因子修正：

物质因子 $M_{MAT} = 0.6-0.85\log(MIE)$，上限值3。

量级因子 $M_{MAG} = 7\times e^{[0.642\times\ln(FR)-4.67]}$，流速 FR 的单位为磅/秒 (lb/s，来源于 Cox/Lees/Ang)，上限为2。

持续因子 $M_{DUR} = [1-(1-S^2)\times e^{-(0.015\times S)}{}^t]/0.3$，$t$ 的单位为秒 (s)，点火源的强度引用 Spence、Daycock 和 Rew 的研究成果。

室内因子 $M_{IN/OUT} = 2$ (操作在室内)，室外取1。

一个更具推测性的室内模型设法去考虑那些被认为有关联的建筑物变量，比如换气次数，通风方向和区域电气等级分类。这在附录 B 现有分析中已考虑。

默认值和乘数都经过以下数学处理，以确保 PODI 结果落在 0~1 之间：

如果乘数的乘积>1，那么 $P_{del.ing.} = 1-(0.7/\Pi M_i)$

如果乘数的乘积<1，那么 $P_{del.ing.} = 0.3\times\Pi M_i$

上述公式中，M_i 代表各个乘数，如 M_{mag}、M_{dur} 等。

3.5.2.3 爆炸概率，由于延迟点火

在 Cox/Lees/Ang 之后，爆炸的概率 (延迟点火) 基于流速，并根据泄漏化学物质的爆炸趋势进行修正，如下：

"低反应性"——乘以0.3；

"中反应性"——不需修正；

"高反应性"——乘以3。

$P_{exp/g/ign}$ 的结果最高上限为1。这里最后一项乘数不是基于"数据"，而是基于常规的爆炸模型原理，即化学物质"反应性" (也就是基本燃烧速度) 驱动火焰向爆炸的方向发展。

3.5.3 Johnson——人作为静电点火源

Johnson (1980) 指出，实现可燃气云被人体静电释放点火，需要满足几个必要的条件。其中之一是气体浓度在一个相当窄的范围内。见图 3.11，尽管这个窄范围标准是否适用于所有燃料并不很明确，但该图是从很有限的数据点推断而来的。

另一个条件是较低的绝对湿度。Johnson 表示，70℉ 下 60% 的相对湿度足以阻止点火。除此之外，得出的结论是任何 *MIE*（最小点火能量）小于 5mJ 的化学物质或混合物都会被这种机制点火。

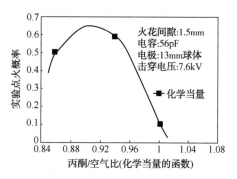

图 3.11 不同丙酮/空气比的静电点火概率

图 3.12 也表明了"常规"火花和人体火花点火之间的定量区别。点火概率极其依赖点火能量这一观点与 Cawley（1988）的研究发现是类似的。

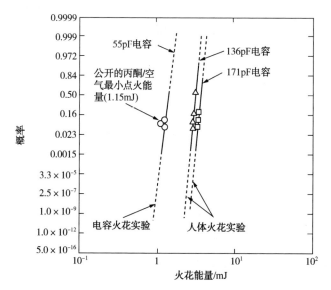

图 3.12 丙酮/空气火花点火的 probit 曲线

3.5.4 Jallais——氢气

Air Liquide（Jallais，2010）对其他研究者提到的氢气点火概率进行了回顾。Jallais 注意到泄漏速率对化学物质点火概率的影响，也注意到对氢的预测范围相当广泛。

除去每类中的高值和低值以消除极端情况，剩余结果的几何平均数如下（氢气在 20℃，200bar 下，以 1kg/s 的速度泄漏，1000s 内不受限制泄漏至阻塞区域）：

$$P_{\text{立即}} = 0.25 \quad P_{\text{延迟}} = 0.15$$

3.5.5 Zalosh——氢气

Factory Mutual(工厂联合保险商协会)(Zalosh 等，1978)为美国政府进行了一项关于氢气火灾和爆炸事件的分析。表 3.34 为事故分解。

当然，在这些结果中很有可能存在数据偏差。有人会争论，未着火的事件很可能没有被记录，并且爆炸事件比起火灾事件更可能被记录。因此，使用这组数据要非常谨慎，并且不要排除其他来源的氢气点火数据(图 3.13)。

表 3.34 氢气相关事件的分布及类型

事件类型	事件数量	占比
火灾	74	0.264
爆炸	165	0.589
超压破裂	12	0.043
未点火的泄漏	20	0.071
火灾及爆炸	3	0.011
其他	6	0.021
总计	280	

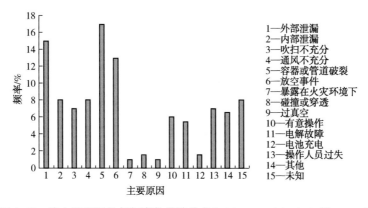

图 3.13 按主要原因的氢气事件统计分布(1961~1977)(Zalosh 等，1978)

Zalosh 等人继续提供了基于原因的分解，见图 3.14。这些事件包括许多可能对本书读者没有直接适用性的事件。

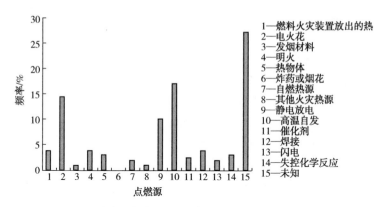

图 3.14　按点火源分类的氢气事件统计分布（1961~1977）（Zalosh 等，1978）

3.5.6　Smith——管道

Smith（2011）对石油与天然气管道中的点火和爆炸概率进行了比较。他认为两种管道的"应用环境"方面是相似的，因为两者都有良好的规范，并具有类似的操作及施工相关经验。他们还有相对较多的运行数据可供借鉴。

该研究试图排除在所有可能导致两种不同管道类型之间的显著差异的特殊运营模式数据，于是删除了海管、水下或埋地管道的相关数据。建筑物内、储罐内以及钢结构或其他建构筑物下的事件也被排除在外。筛选后的泄漏和点火数据如表 3.35 所示。

表 3.35　美国天然气及液体石油管道点火事件对比（2004 年 3 月~2010 年 11 月）

物质	事故次数	点火次数	爆炸次数
液化石油	474	24	9
天然气	386	293	29

考虑到本书编制的目的，直接使用这些数据仍然较为复杂。例如，虽然我们知道发生点火事件的总数，但是不能确定"立即点火"与"延迟点火"各自的比例。出于同样的原因，我们无法计算导致爆炸的延迟点火的比例。尽管如此，我们是可以知道"最终"的点火/爆炸事件的发生数量，从数据可以明显看出：天然气泄漏比液态烃类泄漏更容易被点燃。

在对这种差异结果进行了一些排除整理后，Smith 认为，天然气管道与石油管道中点火事件数量的差异主要是由静电因素造成的。Smith 分析中未提及的可能与这些结论有关的一个变量是点火能量。天然气组分需要约 0.27mJ 的能量才

能被点燃。"液体石油"管道内的组成可能是多种多样的，点火能量范围为
0.25mJ至数十或数百毫焦不等，这还没考虑将液体分散成能够被点燃的喷雾所
需的能量。因此即使不考虑静电问题，从点火能量角度上来说管道中的液体石油
相对于天然气来说也更难以被点燃。

虽然导致这种差异的原因机理并没有完全确认，但这些结果与几乎所有其他
石油液体与气体点火概率比较结果是一致的。

3.6　针对喷雾点火的研究

毫不意外的是与易燃液体喷雾点火相关的大多数文献都与内燃机的研究有
关，包括Liao(1992)、Wehe和Ashgriz(1992)以及Lee等人(1996)的研究。在大
多数方面，这种工作(小型燃烧室内的点火)与本书中的应用(开放式点火)无关。
尽管如此，这些点火研究的某些结果可能适用于这项工作，下面将对此进行
讨论。

3.6.1　Lee等人

Lee等人(1996)用正庚烷和正癸烷的混合物研究了多组分燃料喷雾的点火。
对于外部环境中的点火可能具有重要意义的发现包括以下几点：

最小点火能量随着液滴直径的增加而增加——这个结果似乎很直观，但仍值
得考虑(图3.15)

由于没有用户希望通过提供液滴尺寸来作为点火概率算法的输入，因此本书
更多是通过研究影响液滴尺寸的参数
来应用上述结果。对于泄漏时不会显
著蒸发的化学品，最重要的参数是泄
漏源压力。由于其对泄漏速率和静电
放电的影响，压力已经包含在模型中；
这是另一个需要考虑的因素。

少量的低最小点火能量的杂质可
以不成比例地降低混合物的MIE(最
小点火能量)。在这方面，MIE就像
混合物的物理性质，其行为遵循
Le Chatelier混合规则：

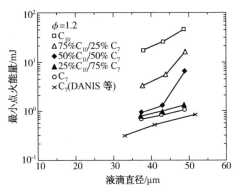

图3.15　双组分燃料喷雾的最小点火能量与
　　　　液滴直径的关系(Lee等)

$$MIE_{\text{mix}} = 1/\sum\left(\frac{x_i}{MIE_i}\right)$$

式中　x_i——组分 i 的摩尔分数;

　　　MIE_i——组分 i 的 MIE。

如图 3.16 所示,图中的星星是叠加的,并表明使用 LeChatalier 混合规则可以预测 44μm 的例子。虽然结果并不是完美匹配,但表明 LeChatalier 的规则已足够本书的读者使用。

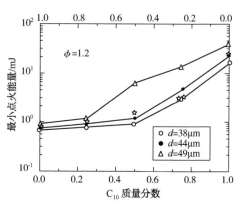

图 3.16　双组分燃料喷雾的最小点火能量
与组分质量分数(Lee 等)

3.6.2　Babrauskas

Babrauskas(2003)说明了喷雾的点火温度与液滴大小和温度的关系(图 3.17 和图 3.18)。

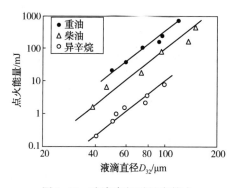

图 3.17　液滴直径对具有较大
液滴尺寸气溶胶 MIE 的
影响(Babrauskas,2003)

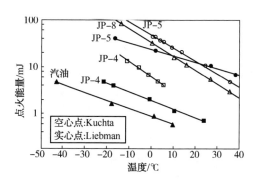

图 3.18　各种喷雾剂的 MIE
(Babrauskas,2003)

图 3.17 证实了 Lee 等人的所发现的趋势。图 3.18 表明应考虑根据工艺温度不同调整 MIE。

3.7　历史案例

大多数具有详细描述的历史点火案例都有正在进行"标准"操作的行为(例如,储罐进料),这类案例中燃料总是存在的。但是由于相对预期操作有一些偏差(例如，静电生成、累积)，最终导致点火。

相比之下，本书重点讨论点火源始终存在的场景，由于某些事件导致燃料暴露于点火源的情况。我们分析了历史上大多数的泄漏事件，并以概率评估的方式来研究这些泄漏事件是否被点燃。

以下历史案例提供了来自这些相对有限的文献的例子。

3.7.1 Britton——外部点火事件

Britton(1999)提出了以下不能提供点火概率量化的案例，但也对标准 POI 文献综述中可能忽略的各种点火情况提供了思路。

3.7.1.1 洁净室

Britton 指出，"洁净室"通常保持低湿度环境，这可以促进静电积聚，从而增加发生爆炸的机会。在这种情况下的保护措施是使用抗静电地板，对任何金属设备进行接地以及避免使用塑料设备。人员进入前也应该进行静电释放，防护服也应该是防静电的。

3.7.1.2 气相泄漏被其他相态所"污染"

管道规模或气流中的悬浮液体可以产生能够点火泄漏物料的带电粒子。这种现象甚至可以通过用于防止火灾的水雾或二氧化碳而产生。然而，在上述情况中，灭火系统可以提供适当的接地和喷嘴设计以防止它们成为点火源。

3.7.1.3 自燃点温度以下泄漏气体的自燃

点火能量较低的物料(比如氢)，在被排放到大气的过程中可能被点燃。在典型的工艺泄漏条件下，已经具有多种模型来解释这种点火现象，包括：

- 电晕刷放电。
- 氢泄漏：
  - 由于氢气与管道反应而在管壁上积聚二氢阳离子；
  - 夹带能够自燃的颗粒(例如，还原的金属氧化物)的气相泄漏。

同时 Britton 指出，点火机制有时错误地归因于氢气点火是逆 Joule Thompson 效应。实际上，在氢气燃烧中产生这种效应的温升是缓慢的，因此只有氢气已经非常接近其自燃点 AIT 时才有意义。

3.7.1.4 球阀阀杆泄漏

Britton 还讲述了球阀中填料泄漏着火的可能性，因为：①一些球阀设计可以将阀杆与阀体隔离；②球阀常用于乙炔等相对易燃的化学品中。乙炔还可能产生次生危害——如果管道内火焰开始爆轰，则可能导致乙炔的自动分解。

在一定程度上可以在点火概率算法中考虑上述条件，这使得乙炔的低点火温度可以得到应用。通常来说，这种特定的球阀机构是乙炔泄漏的一小部分原因。因此，尽管这种可能性对读者来说是一个有益的知识扩展。但是可以肯定的是，在 POI 预测算法中添加球阀/乙炔参数以解决(小)阀杆泄漏所带来的一点益处，会被增加一个或两个额外的数据输入条目所做的努力所抵消。

3.7.1.5 绝缘下的气体泄漏

与布里顿相关的外部点火事件相关的最后一种情况是在绝缘体下泄漏的加压气体，这种泄漏会导致绝缘体松动并将其推向金属，这可能产生电荷。与前面的示例一样，了解此知识很有用，但从开发算法的角度考虑，难以说清在预测 POI 方面是否具有优势。并且为其具体量化建立一个可验证的基础也存在问题。

3.7.2 Pratt——气井和管道井喷

Pratt(2000，第 151 页)提出气井和管道井喷中观察到的点火的假设基础。此假设可能具有指导意义，因为大量开创性的 POI 数据是针对天然气/石油生产井喷而收集的，并且在评估该应用与相关的陆上生产泄漏之间在导致点火的因素的差异上是有用的。

他提出的点火机理是：在管道上高速排出混合气体/液体流，能够形成高度电荷累积的气体/液滴云。据推测，"气溶胶液滴与气溶胶液滴通过空气的流动性之间的相互静电排斥的竞争力使得气云的膨胀被充分延迟以允许电场的积累。"由于还存在空气和金属接地设备，因此可能导致电刷放电和点火。井喷也可能会喷射出各种可能促进点火的固体颗粒。

与上述讨论的两相泄漏情况相反，离开管道的单相气体将不会带电，除非它伴随着铁锈或其他固体颗粒。

3.7.3 Gummer 和 Hawksworth——氢气事件

以下引用自 Gummer 和 Hawksworth(2008 年，第 2~4 页)。

1922 年事件调查

这一事故以及随后的调查和研究工作被德国努塞尔公司在工程期刊中报道。在数次 2.1MPa 的氢气被排放到大气中自燃事件被报道后，人们开始研究以确定其原因。然而，进行了大量地将氢气排放到大气中的实验并没有发生点火事件，这些实验中尝试了由不同材料制成的许多不同类型的喷嘴。虽然氢气钢瓶显然是干燥的，但是还是在其中发现了大量氧化铁(锈)。这也被认为可能由于这些锈导致了静电累积。尽管使用了许多不同的精细粉末物料进行实验，但除了极细研磨的氧化铁外，其他物料没有发生点火。二氧化锰也引起着火，因此认为锈会催化氢的氧化。因此，以氧化铁存在以及 1.1MPa 的初始压力条件进行了进一步实验，在不同温度条件下储存氢气和氧气的混合物，以确定氧化铁是否会催化氢的氧化反应。在环境温度下，即使在几周之后也没有发生压力变化。但是在高于环境温度条件下，压力出现了缓慢下降，表明发生了氧化反应。时间为 100℃ 约24h；200℃ 约 9h；380℃ 约 1h。这些实验场景下都没有发生爆炸。

随后的实验将氢气排放到装有长管的开口漏斗中，结果表明除非漏斗被铁盖阻塞，否则没有发生点火。为确认这一机理又进行了进一步的实验。只有在黑暗中进行实验时才观察到电晕放电。我们可以看出，当氢从法兰泄漏出来时，电晕放电是可见的，并随管子被轻敲造成灰尘翻腾时增加，敲击后发生了点火。进一步的工作表明，当使用尖锐的铜线促进电晕放电时，铜线远离气流方向时发生点火，而当电线指向流动方向时没有发生点火。因此，很明显，在这种情况下电晕放电可能是点火源。

1926 年和 1930 年的事故和实验

第一起事故发生在 1926 年，但仅在 1930 年 Fenning 和 Cotton 报告第二次爆炸后才报告。由于两种情况下引燃的原因都很模糊，因此试图建立机理来解释点火原因。当打开加压管道和镀铬容器之间的隔离阀，使管线从约 4.9MPa 压力减压时，立即发生了第二次爆炸。在先前干燥的容器中发现了水迹，证实发生了燃烧。在爆炸后的检查过程中，有充足的证据表明在管道中存在可能是金属氧化物的细小灰尘。这导致 Fenning 和 Cotton 推测爆炸是由静电放电引发的，他们推测这是由沿着管道吹入高速氢气的细尘产生的。然而尽管进行了许多尝试，但在他们的实验中没有发生点火。

第一次爆炸没有立即进行调查，但是由于第二次爆炸涉及同样的工人时，他们重新审查了情况。在第一次爆炸时，玻璃容器中的压力仅比大气压高 6.6kPa。没有明显的点火源，但是观察发现在气体混合物中可能已经存在精细的喷射物或喷雾。据说该混合物是"……'完全燃烧'的氢气-空气混合物的样品……"，它可以被认为是化学计量混合物。于是再次提出可能是静电点火机理导致的事故。

Bond 报道的事件

Bond 报告了两起来自私人谈话的氢气点火事件。在第一次事故中，压力为 11.1MPa 的氢气从两个法兰之间的垫圈泄漏。据报道，当装配工拧紧螺栓时，氢气没有发生点火，在用拧紧螺栓的扳手第二次撞击时，发生了点火。目前尚不清楚点火源是否是用来拧紧接头上的螺栓的扳手的冲击火花，还是归因于扩散点火的机理。第二个事件是一个连接实验室设备的氢气钢瓶。实验室技术人员将阀门打开以清除连接处的污垢，此时逸出的气体立即被点燃。Bond 将这种点火现象归因于扩散点火。虽然在第二次事故中不清楚气体压力，但可以假设压力是典型的 23MPa 氢气钢瓶压力。

1964 年 Jackass Flats 事件

Reider、otway 和 Knight 报告的这一事件涉及故意泄漏大量氢气来确定声压级。氢气在初始压力 23.6MPa 和初始速率 54.4kg/s 下从储存中泄漏出来，时长为 10s。将氢气通过 200mm 标称孔径管和 150mm 孔径球阀转移到圆柱形容器中，该容器装有通向大气的汇聚–扩散喷嘴。目的是排出没有燃烧的气体并且再次进行燃烧，从而可以测量由于燃烧产生的声压级。测试过程中气体未被人为点火，排放 10s 后，150mm 直径的阀门被关闭，并且在开始关闭阀门 3s 后，发生点火。

在实验放电之前，检查了三种潜在的点火机制，因为在"非点火"期间不允许点火。检查的三种潜在点火机制分别是：气体带电；气体中的颗粒带电；金属颗粒磨损焊接在喷嘴上的金属棒。第一个可以忽略，因为已知纯气体具有可忽略不计的静电充电。第二个需要考虑，但由于系统在测试之前已经彻底清理并吹扫，因此认为不存在任何颗粒。然而，以 1216m/s 排出的气体速度远远高于之前使用的速度，因此这种潜在的机制不能忽略。第三种机制是可能发生的，因为排放速度很高，这可能会击出颗粒，并使它们撞击在金属棒上，这也是不能忽略的机理之一。在点火之后，发现金属棒的一端被撕开，这可能揭示了之前未能预期的、潜在的点火源。

4 其他案例

4.1 案例介绍和潜在的"经验教训"

以下案例提供了一些用户遇到的典型情况。由于没有涉及特殊复杂的情况，所需信息可以较为容易地获取。在第 4.2 节中，案例是出现在其他 CCPS 书籍中的案例的扩展。随后的部分描述了从各个行业委员会提交的其他案例。

点火概率(POI)预测有两个方面可能会被误解，这值得在案例研究之前对它们进行回顾。这将在下面讨论。

4.1.1 "现实"与预测

第 4.3 节及后面的几个案例代表了化学工业中发生的实际事件。虽然本书中的算法应该与事件总数的预期点火概率大致相同，但我们应该知道，对于任何单个事件，它们永远不会绝对"正确"。毕竟，单个泄漏点火的概率实际是离散值，要么被点燃($POI=1$)要么没有被点燃($POI=0$)。相比之下，POI 算法几乎总能给出 $0 \sim 1$ 之间的答案。

本书中所描述的工具的准确性可以基于类似的理由进行验证，因为算法基于"典型"情况的有限数据，并且该工具可能应用于未预见的情况。但是，基于初始测试的主观观点，本书中的方法大致具有以下预期范围：

第 1 级算法——80%的"真实"点火概率预计在本书预测值的 1.75 倍之内。

第 2 级算法——预计 80%的真实点火概率在本书预测值的 1.5 倍之内。

第 3 级算法——预计 80%的真实点火概率在本书预测值的 1.25 倍之内。

上述期望并未描述传统意义上的"置信限度"，但更确切地说，总会有一些案例是规则的例外情况。现场检查无法说明本书中的方法对特定和不寻常的条件的适用性。另见第 4 节中的讨论。

4.1.2 "保守主义"——它存在吗?

一般来讲,任何类型的风险分析都应该追求准确性,但是在准确性不是绝对的情况下,分析应该在更偏向于保守主义(夸大风险)。这个原则可以在书中以两种方式体现:

① 整体保守主义——最终的结果应该是保守的一面。

② 关于预期准确度的保守主义——由于相对于1级分析而言3级分析需要额外的努力(例如更多的数据输入),因此优先考虑减少保守主义的好处与3级分析所需的额外努力的相关性。

虽然本书中描述的方法力求总体上实现这些想法,但是重要的是要记住,这些方法可能不适用于很多个别案例。同样重要的是要认识到,在包含多个输入的模型中,将保守性引入每个输入可能导致最终结果保守超过一个数量级。

以下是将保守主义引入点火概率模型的复杂性的一些简要说明。

案例1——立即点火与延迟点火/爆炸

考虑一种导致事件被"保守地"预测为具有比基于历史数据所预期的更高的立即点火概率的算法开发方法。就此而言,人们可能打算采用极端保守的设计算法来预测事件在所有情况下都会在泄漏源处点火。在许多情况下,这可能是保守的,特别是如果附近有易受火灾影响的建筑物/人群。

然而,100%立即点火的保守假设排除了延迟点火的可能性。延迟点火的后果可能比立即点火严重得多,特别是当结果是爆炸时。因此,通过针对立即点火概率开发一种保守算法来消除爆炸的可能性,反而可能导致结果不够保守。

案例2——泄漏有毒的易燃物

人们还可以想象一种泄漏物料既有毒又易燃的情况。在某些情况下,火灾/爆炸后果和燃烧的有毒产物不如源化学品的毒性后果严重。因此,仅考虑火灾/爆炸可能排除了更严重的毒性事件发生的影响。在这种情况下,利用保守的点火概率模型计算,在火灾和爆炸结果方面是保守的,但在毒性结果方面是非保守的。第4.5.2节提供了对此的说明。

案例3——1级与2级与3级的保守性

作为一般理念,2级或3级分析往往"奖励"产生结果所需的额外努力,高级别方法的分析结果比低级别方法的结果更准确,并相较于低级别方法来说可降低预期的保守性。然而情况并非总是如此,人们可以很容易地设计出反驳这一点的例子。

考虑炼化装置中丁烷泄漏的情况。1级分析通常会给出一个结果,其中点火的总概率约为0.3,并且历史表明总体上最易燃的泄漏没有点燃。但是,如果泄漏源离明火设备间的距离较短，则几乎可以肯定会被点燃。因此，2级和3级分析将提供比1级分析更高的POI预测。在这种特殊情况下，1级方法是非保守的，即使扩大到全体泄漏事件时，1级方法也只是通常会提供相对于2级和3级更保守的结果但并不绝对。这就是在处理概率而不是绝对概率的方法论中试图平衡"保守主义"和"准确性"的难题。

4.1.3　模型可能不适合或结果被曲解的情况

本书中描述的模型设计用于典型的陆上流程工业装置应用，也就是说，在可燃泄漏点与相关点火源有一定距离的情况下，预计蒸气云和/或液体溢出物会接触一个或多个点火源。在"某个距离"的任何一端都存在极端情况导致模型不适用。这些是：

- *点火源非常接近泄漏点*——一个典型的例子是明火加热炉内的炉管泄漏工艺流体。
- *点火源远离泄漏点*——有大量的点火源，但只有可燃蒸气云能够扩散到达的点火源才是相关的。当泄漏非常小时，可能会出现类似的结果，见第1.2.7节和第2.1.1节中的讨论。

在上述极端情况下，延迟点火的实际概率(PODI)可能接近1或0，但模型不会体现这一点，因为它不是后果(空间)模型。在这些情况下，分析人员应该输入概率的确定值，或者利用扩散模型和风向信息来确定点火源与蒸气云接触的概率。可以在事件树中获得蒸气云可以到达点火源的概率以及将蒸气云吹向点火源的风向，以及PODI所产生的PODI结果。另见第2.5节中的讨论。

4.1.4　工作案例汇总

以下是本书中提出的算法的几个案例。除了提供具体计算方法之外，这些案例还提供了有关应用程序和方法限制的经验。需要注意的是，本书中的案例与提到软件间肯定会有些差异或不一致的地方。因为这两者并不是完全同步，并且软件可能会随着时间逐步升版。提供的案例汇总见表4.1。

表4.1　工作案例汇总

章节	题　目	主　题
4.2.1	储存场地的蒸气云爆炸危险评估	从其他CCPS书籍中继续举例。将车辆作为点火线或点火源处理。结合多个点火源进行说明

续表

章节	题目	主题
4.2.2	开放空间丙烷泄漏	从其他 CCPS 书籍中继续举例。1 级、2 级和 3 级方法的结果比较
4.2.3	管道泄漏	从其他 CCPS 书籍管道案例中继续举例
4.3.1	乙烯管道失效	实际事件的还原，讨论羽流定向泄漏处理方法
4.3.2	苯管道破裂	使用 1 级分析还原实际事件
4.3.3	丁酮储罐溢流	1 级和 2 级分析的比较
4.3.4	室内丁酮(MEK)桶破损	室内泄漏 3 级方法的说明
4.3.5	高空泄漏	当泄漏源高度高于大多数预期点火源时，讨论对点火源的综合评估
4.4.1	观察孔汽油泄漏	关于泄漏结束后汽油蒸气产生相关结果的讨论，并且在泄漏期间可能使点火源失活
4.4.2	汽油储罐充装过量	关于泄漏结束后蒸气产生相关结果的讨论。与实际事件比较
4.4.3	丙烷储罐充装过量	讨论了用户将扩散模型结果纳入点火评估的需要。与实际事件进行比较
4.4.4	氢气从观察孔泄漏	氢气案例。还讨论了物料中有毒组分的处理方法，以防止非保守结果
4.5.1	室内酸溢流——通风模型	讨论是否将挥发性液体泄漏模型设置为液体或蒸气。复杂的室内/室外情况
4.5.2	氨泄漏	1 级方法和 2 级事件树的比较，氨既是有毒物质也是轻微易燃的
4.6.1	海上平台分离器气体泄漏	潜在的海上设施应用示例
4.6.2	粉尘点火	将点火概率评估方法扩展到粉尘的示例，原则上粉尘点火应该远远超出本书的预期范围

续表

章节	题　目	主　题
4.7.1	热表面点火	比较两种 *AIT* 值差异较大的化学品的热表面点火。
4.7.2	泄漏预防	一般讨论，不是说明
4.7.3	暴露持续时间	事件持续时间影响的计算；讨论防止点火的其他方法
4.7.4	"室内酸泄漏"案例——改善通风的好处	"室内酸泄漏"案例的扩展

请注意，在某些计算过程中保留了 3 位有效数字。读者不应该认为这些方法有这么高的准确性；保留多余的数字是以避免在计算过程中四舍五入时出现误差。最终值为两位有效数字，尽管这可能也夸大了评估方法的准确性。

4.2　工作案例(基于其他 CCPS 书籍)

4.2.1　储存场地的蒸气云爆炸危险评估

4.2.1.1　案例简介

这是 CCPS 书籍《蒸气云爆炸、压力容器爆裂、沸腾液体膨胀蒸气云爆炸和闪火危险指南》(CCPS，2010) 第 218 页示例的延续。区域布局如图 4.1 所示，为一个直径为 50m 的丁烷储罐以及 3 个丙烷球罐。

4.2.1.2　事件描述

之前的书中已经描述了此事件：丙烷球罐 F-9120 的卸料管线上发生了孔径为 0.1m (4in) 的泄漏，泄漏时环境温度为 293K (68℉)、管线压力为 8bar (116psig)。产生的可燃气扩散范围如图 4.1 中椭圆形所示。

4.2.1.3　潜在点火源

在本例中，假设存在以下点火源：

停车场和道路交通——正常情况下该区域车流量较小，并且工人已经接受过培训，在发现可燃气云后会关闭点火源。基于此，可以认为平均一辆车 1/2 的时间是"活跃"的点火源，但其活跃的时间仅保持 30s。

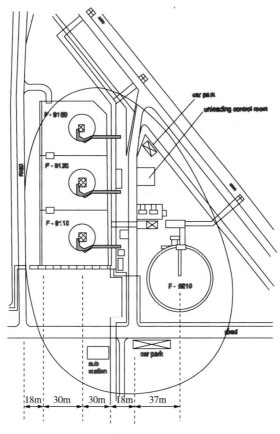

图 4.1 油库平面图(CCPS, 2010)

卸料控制室——潜在点火可以认为与"办公区域"相同(假定控制室不在正压下操作)。

变电站——没有特定的文献来描述变电站是否为点火源,而且变电站的详细情况并不清楚,尽管认为该区域不需要特别高的电压。可以假设其等同于 20ft 长的高压电线。

4.2.1.4 点火概率计算

第2级立即点火概率计算

根据第 2.8.1.1 节,在结合个体贡献及其修正后,"静电"对立即点火的贡献可用以下公式表示:

$$POII_{静电} = 0.003 \times p^{1/3} \times \{ MIE_{报道} \times (10000/p_{液态})^{0.25} \times \exp[0.0044(60-T)] \}^{-0.6}$$

其中压力 $p(=p_{液态})$ 为 116psig,丙烷的最小点火能(MIE)是 0.25mJ,温度 T

为 68℉。因此：

$$POII_{静电} = 0.003 \times (116)^{1/3} \times \{(0.25) \times (10000/116)^{0.25} \times$$
$$\exp[0.0044(60-68)]\}^{-0.6} = 0.018$$

此外第 2.8.1.2 节还介绍了自燃的影响。由于丙烷的温度远低于其自燃点（AIT）842℉，自燃对 POII 无影响。因此预测的 POII 综合值为 0.018。

第2级延迟点火概率计算

上面定义的 3 个点火源必须用第 2.8.2 节描述的算法分别计算。

道路交通和停车场

PODI 基础值基于点火源强度和事件持续时间。其中点火源强度可以通过表 2.2 得知：

$$S = 1 - 0.7^V$$

上文假定平均有一半的汽车是"活跃"的，并且每次的活跃时间仅为 30s（$t = 0.5\min$），则

$$S = 1 - 0.7^{0.5} = 0.163（活跃时）$$

然后根据第 2.8.2.2 节计算出 PODI 基础值：

$$PODI_{S/D} = 1 - [(1-S^2) \times e^{-St}]$$
$$PODI_{S/D} = 1 - [(1-0.163^2) \times e^{-0.163 \times 0.5}] = 0.103$$

第一个用来修正 PODI 基础值的乘数是"泄漏量"。如第 2.8.2.3 节所述，其数值可以通过以下两种方式计算：

$$M_{MAG泄漏量(液态)} = (泄漏量/5000)^{0.3}$$
$$M_{MAG孔径(液态)} = (孔径)^{0.6}$$

在本例中，第一个公式的结果约为 1.9，第二个公式的结果约为 2.3。因此，M_{MAG} 的值选用二者平均值 2.1。

PODI 的第二个乘数是根据泄漏物质的 MIE 计算的。由第 2.8.2.4 节可知：

$$M_{MAT} = 0.5 - 1.7\log(MIE)$$
$$M_{MAT} = 0.5 - 1.7\log(0.25) = 1.52$$

如第 2.8.2.5 节所述，第三个因子则是通过比较泄漏温度和标准沸点（或闪点）来确定。在这个案例中，丙烷的沸点远低于泄漏温度，所以乘数选用 1。同样地，因为泄漏发生在室外，根据第 2.8.2.6 节，室内/室外乘数为 1。

因此，第一个点火源的总 PODI 值为

$$PODI_{Level\,2} = PDOI_{S/D} \times M_{MAG} \times M_{MAT} \times M_T \times M_{IN/OUT}$$
$$PODI_{Level\,2} = 0.103 \times 2.1 \times 1.52 \times 1 \times 1 = 0.32$$

另外两个点火源的点火概率计算如下。

卸料控制室

如前所述，PODI 基础值是基于点火源强度和事件持续时间。"办公区域"的点火源强度根据表 2.2 可知为 0.05。且在这个案例的有效持续时间是整个 4min 泄漏时间，因此

$$PODI_{S/D} = 1 - \left[(1-0.05^2) \times e^{-0.05 \times 4} \right] = 0.183$$

PODI 的修正与上一个点火源相同，因此第二个点火源的总 PODI 值为

$$PODI_{Level\ 2} = 0.183 \times 2.1 \times 1.52 \times 1 \times 1 = 0.57$$

变电站

在这个案例中，根据表 2.2 以及前文"20ft 高压电线"的假设，暴露事件为 4min 时，点火源的强度为 0.02。因此

$$PODI_{S/D} = 1 - \left[(1-0.02^2) \times e^{-0.02 \times 4} \right] = 0.077$$

PODI 的修正与上一个点火源相同，因此第三个点火源的总 PODI 值为

$$PODI_{Level\ 2} = 0.077 \times 2.1 \times 1.52 \times 1 \times 1 = 0.24$$

点火源结合

上述三个点火源的最终 PODI 值不能简单地相加，这可以从以下两个角度来解释：其一，点火概率相加的结果很可能大于 1，显然不符合逻辑；其二，气云只能被点燃一次；当云团被一个点火源点火后，另外两个点火源无法再次点火同一个云团。

基于以上原因，最终点火概率需要通过 Boolean 法进行计算：

$$PODI = \left[0.32 + 0.57 - (0.32 \times 0.57) \right] + 0.24 - \{ \left[0.32 + 0.57 - \right.$$
$$(0.32 \times 0.57) \left] \times 0.24 \} = 0.78 \right.$$

或者可以如第 2.10 节所述，用 1 减去其与不点火概率的乘积，得到结果如下：

$$PODI_{总计} = 1 - \prod (PODI_{个别点火源}) = 1 - (1-0.32)(1-0.57)(1-0.24) = 0.78$$

最终第 2 级点火概率计算

上述 POII 的估算值为 0.018。由于立即点火排除了延迟点火的可能性，因此延迟点火概率为

$$PODI_{最终} = PODI_{计算}(1-POII) = 0.78(1-0.018) = 0.77$$

上述 PODI 值包含了火灾和爆炸结果。

讨论——机动车点火源可以按照表 2.2 处理，可以看作点形或线形的点火源。当有不止一辆"活跃"车辆时，采用"线形源"可能会更方便。同时也要注意，本书中提到软件的初始版本只支持单一的共同事件持续时间，涉及多个点火源则需要进行人工计算。

4.2.2　开放空间丙烷泄漏

4.2.2.1　案例介绍

这是对CCPS《蒸气云爆炸、压力容器爆裂、沸腾液体膨胀蒸气爆炸和闪燃危险指南》(CCPS，2010)一书中第92页案例的延续。这个案例涉及空旷区域丙烷的"大规模"泄漏。这种泄漏是瞬时的，并且"假设云团在扩散时呈扁平的圆形"，当云团高度为1m，直径为100m时到达一个未知点火源(图4.2)。

因为不存在引起湍流的障碍物，这个原本的案例认为不可能发生爆炸。在这本书中，使用相同的案例来量化这种泄漏被点燃的概率。为了方便比较，将进行第1级、第2级和第3级分析。

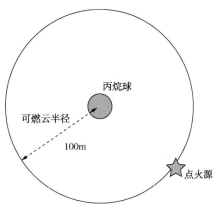

图4.2　开放空间丙烷泄漏

4.2.2.2　事件描述

目前不了解排放细节，但之后可以通过对产生云团的描述进行推断。

4.2.2.3　潜在点火源

在本例中，假设存在以下点火源：

一般点火源——可以视为"偏远的室外储存区域"。这个事件被描述为"瞬时的"，但原始案例中风速为2m/s，所以这里认为云团会在可燃的范围中保持3min。

4.2.2.4　点火概率计算

第1级、第2级、第3级计算方法如下：

第1级立即点火概率计算

如第2.7.1.1节所述，第1级立即点火的"静电"贡献可以简单地假设为0.05。由于丙烷温度远低于它的自燃点，自燃对POII没有贡献。因此总POII的预测值为0.05。

第1级延迟点火概率计算

由于是室外泄漏且化学品在标准选择列表中，PODI值可以根据第2.7.2节的式(2-17)计算：

$$PODI = 0.15 - 0.25\log(MIE)$$
$$PODI = 0.15 - 0.25\log(0.25) = 0.30$$

第1级 POI 总结

上述 POII 估算值为 0.05。由于立即点火排除了延迟点火的可能，因此延迟点火概率为

$$PODI_{最终} = PODI_{计算}(1-POII) = 0.30(1-0.05) = 0.28$$

这个 PODI 值包含了火灾和爆炸结果。

第2级立即点火概率计算

假设丙烷最初储存条件为 68℉、116psig。根据第 2.8.1.1 节，在结合个体贡献和修正后，立即点火的"静电"贡献可用以下公式表示：

$$POII_{静电} = 0.003 \times p^{1/3} \times \{MIE_{报道} \times (10000/p_{液态})0.25 \times \exp[0.0044(60-T)]\} - 0.6$$

其中 $p(=p_{液态})$ 是 116psig，丙烷的最小点火能为 0.25mJ，T 为 68℉。因此：

$$POII_{静电} = 0.003 \times (116)1/3 \times \{(0.25) \times (10000/116)0.25 \times$$
$$\exp[0.0044(60-8)]\} - 0.6 = 0.018$$

此外第 2.8.1.2 节还介绍了自燃的影响。由于丙烷的温度远低于其自燃点 932℉，自燃对 POII 无影响。因此预测的 POII 综合值为 0.018。

第2级延迟点火概率计算

只有一个已定义的区域点火源。根据表 2.2，该"偏远的室外储存区域"的强度 $S = 0.025$。

最后根据第 2.8.2.2 节计算出 PODI 基础值：

$$PODI_{S/D} = 1 - [(1-S^2) \times e^{-St}]$$
$$PODI_{S/D} = 1 - [(1-0.025^2) \times e^{-0.025 \times 3}] = 0.073$$

第一个用来修正 PODI 基础值的乘数是"泄漏量"。基于云团尺寸以及 10%（体积）的浓度（来自原始案例描述），可以推测泄漏量约为 3500lb。因此根据第 2.8.2.3 节可知：

$$M_{MAG\_泄漏量(液态)} = (泄漏量/5000)^{0.3}$$
$$M_{MAG\_泄漏量(液态)} = (3500/5000)^{0.3} = 0.899$$

PODI 的第二个乘数是根据泄漏物料的 MIE 计算的。根据第 2.8.2.4 节可知：

$$M_{MAT} = 0.5 - 1.7\log(MIE)$$

或
$$M_{MAT} = 0.5 - 1.7\log(0.25) = 1.52$$

如第 2.8.2.5 节所述，第三个因子是通过比较泄漏温度和标准沸点来确定的。在这个案例中，丙烷的沸点远低于泄漏温度，所以乘数选用 1。同样地，因为泄漏发生在室外，根据第 2.8.2.6 节，室内/室外乘数为 1。

因此总 PODI 值为

$$PODI_{Level\ 2} = PDOI_{S/D} \times M_{MAG} \times M_{MAT} \times M_T \times M_{IN/OUT}$$

$$PODI_{\text{Level 2}} = 0.073 \times 0.899 \times 1.52 \times 1 \times 1 = 0.10$$

第2级 POI 总结

上述 POII 估算值为 0.018。由于立即点火排除了延迟点火的概率，因此延迟点火概率为

$$PODI_{\text{最终}} = PODI_{\text{计算}}(1 - POII) = 0.10(1 - 0.018) = 0.10$$

上述 PODI 值包含了火灾和爆炸结果。

第3级立即点火概率计算

根据第 2.9.1 节，第 2 级、第 3 级分析中立即点火对 POII "静电" 贡献的唯一区别是考虑泄漏后的物料温度，而不是工艺温度。在这个案例中，泄漏温度下降到丙烷的正常沸点 -44℉。因此使用与第 2 级分析相同的方式，只将温度改为 -44℉，可得出以下结果：

$$POII_{\text{静电}} = 0.003 \times p^{1/3} \times \left\{ MIE_{\text{报道}} \times (10000/p_{\text{液态}})^{0.25} \exp[0.0044(60 - T)] \right\}^{-0.6}$$

其中 $p(=p_{\text{液态}})$ 是 116psig，丙烷的最小点火能报告值为 0.25mJ，T 为 -44℉。因此

$$POII_{\text{静电}} = 0.003 \times (116)^{1/3} \times \{ (0.25) \times (10,000/116)^{0.25}$$
$$\exp[0.0044(60 - (-44))] \}^{-0.6} = 0.013$$

此外第 2.8.1.2 节还介绍了自燃的影响。由于丙烷的温度远低于其自燃点，自燃对 POII 无影响。因此预测的 POII 综合值为 0.013。

第3级延迟点火概率计算

第 3 级分析可能进行的增强包括以下内容：

(根据第 2.9.2.1 节) 根据点火源管理情况来修正 "S" 数值。在这个案例中，假设为 "典型" 的点火源管理，因此不需要对第 2 级分析的 "S" 进行修改。

此外的第 3 级分析修正只针对内部泄漏，所以剩下的分析内容也与第 2 级分析相同：

$$PODI_{\text{Level 2}} = PDOI_{S/D} \times M_{\text{MAG}} \times M_{\text{MAT}} \times M_{\text{T}} \times M_{\text{IN/OUT}}$$
$$PODI_{\text{Level 2}} = 0.073 \times 0.899 \times 1.52 \times 1 \times 1 = 0.10$$

第3级 POI 总结

上述 POII 估算值为 0.013。由于立即点火排除了延迟点火的概率，因此延迟点火概率为

$$PODI_{\text{最终}} = PODI_{\text{计算}}(1 - POII) = 0.10(1 - 0.013) = 0.10$$

上述 PODI 值包含了火灾和爆炸结果。

第1级、第2级、第3级分析 POI 结果比较

三个等级分析的结果比较如下：

等级	*POII*	*PODI*
1	0.05	0.30
2	0.018	0.10
3	0.013	0.10

在这个案例中，第 1 级分析增加了一定保守性，而第 2 级和第 3 级分析则根据需要对保守性进行了删减。

4.2.3　管线泄漏

4.2.3.1　案例介绍

这是对 CCPS《化工过程定量风险分析指南》(CCPS，1999)一书中第 240 页底部开始的一个案例的延续。这个案例最初用来演示对管道泄漏后可能发生的喷射火的热辐射通量的计算。在本书中，使用相同的案例来量化该类泄漏的点火概率。为此将进行第 2 级分析。

4.2.3.2　事件描述

上一版的书(CCPS，1999)中描述了需要建模的事件：甲烷管线上发生孔径为 25mm(1in)的泄漏(图 4.3)。管线表压为 100bar(1450psig)，假定运行时环境温度为 298K(77℉)，泄漏为垂直方向。基于"管线"一词，其应远离工艺设备，但由于需要关注喷射火的热辐射，这里假设管线经过一个人口稀少的居民区。

4.2.3.3　潜在点火源

在本例中，假设存在以下点火源：

居住人口——根据以上描述，假设在泄漏影响范围内只有一户住宅，其居住人数通常选为两人(图 4.4)。

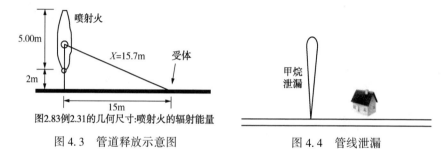

图2.83例2.31的几何尺寸:喷射火的辐射能量

图 4.3　管道释放示意图　　　　图 4.4　管线泄漏

假设管线直径远大于 1in 的泄漏孔径，并且认为初始泄漏会持续较长时间。但是假定在场人员能够在 3min 后迅速撤离(以及他们房屋周围的主要点火源)。

4.2.3.4 点火概率计算

第 2 级立即点火概率计算

根据第 2.8.1.1 节的规定，对于蒸气泄漏，立即点火的"静电"贡献可用以下公式表示：

$$POII_{静电} = 0.003 \times p^{1/3} \times MIE^{-0.6}$$

其中压力 p 是 1450psig，甲烷的最小点火能为 0.21mJ，温度 T 为 77℉。因此

$$POII_{静电} = 0.003 \times (1450)^{1/3} \times (0.21)^{-0.6} = 0.091$$

此外第 2.8.1.2 节还介绍了自燃的影响。由于管道温度远低于甲烷约为 1000℉的自燃点，自燃对 POII 无影响。因此预测的 POII 综合值为 0.091。

二级延时点火概率计算

PODI 基础值是基于点火源强度和时间持续时间。其中点火源强度可以通过表 2.2 得知：

$$S = 1 - 0.99^N$$

假设平均有两个人在场，因此

$$S = 1 - 0.99^2 = 0.0199$$

$$S = 1 - 0.99^2 = 0.0199$$

根据第 2.8.2.2 节，给定点火源持续时间为 3min，PODI 基础值计算如下：

$$PODI_{S/D} = 1 - \left[(1 - S^2) \times e^{-St} \right]$$

$$PODI_{S/D} = 1 - \left[(1 - 0.0199^2) \times e^{-0.0199 \times 3} \right] = 0.0583$$

第一个用来修正 PODI 基础值的乘数是"泄漏量"。由于孔径尺寸已知，根据第 2.8.2.3 节可得

$$M_{MAG孔径(气态)} = (孔径) = 1$$

PODI 的第二个乘数是根据泄漏物料的 MIE 计算的。由第 2.8.2.4 节可知：

$$M_{MAT} = 0.5 - 1.7\log(MIE)$$

或

$$M_{MAT} = 0.5 - 1.7\log(0.21) = 1.65$$

如第 2.8.2.5 节所述，第三个因子是通过比较泄漏温度和标准沸点来确定的。在这个案例中，甲烷的沸点远低于泄漏温度，所以乘数选用 1。同样地，因为泄漏发生在室外，根据第 2.8.2.6 节，室内/室外乘数为 1。

因此，第一个点火源的总 PODI 值为

$$PODI_{Level\ 2} = PDOI_{S/D} \times M_{MAG} \times M_{MAT} \times M_T \times M_{IN/OUT}$$

$$PODI_{Level\ 2} = 0.0583 \times 1 \times 1.65 \times 1 \times 1 = 0.0964$$

最终第2级点火概率计算

上述 POII 的估算值为 0.091。由于立即点火排除了延迟点火的概率，因此延迟点火概率为

$$PODI_{最终} = PODI_{计算}(1 - POII) = 0.0964(1 - 0.091) = 0.088$$

上述 PODI 值包含了火灾和爆炸结果。

结果讨论

以上分析基于"常规"点火源。还需要注意另外两种很可能发生的管线点火事件：①车辆或其他设备的外部接触可能导致的泄漏；②射流导致的粒子形成的点火。这类事件应该进行点火概率模型之外的泄漏频率和点火概率评估，并采用预防性措施进行管理。

4.3 工作案例(化工和石化厂)

4.3.1 乙烯管道失效

4.3.1.1 事件描述

½in 的管线由于疲劳失效，2min 内泄漏了 900lb(400kg) 的乙烯气体。管线操作压力为 1925psig(135bar)，温度 225℉(107℃)。泄漏位于具有典型点火源工艺设置的边缘。下面将对本事件进行第2级分析。

4.3.1.2 潜在点火源

存在以下点火源：

工艺区——可视为"中密度工艺区"。

4.3.1.3 点火概率计算

第2级立即点火概率计算

根据第 2.8.1.1 节，在合并使用个体贡献和修正后，立即点火的"静电"贡献可用以下公式表示：

$$POII_{静电} = 0.003 \times p^{1/3} \times \{MIE_{报道} \times \exp[0.0044(60-225)]\}^{-0.6}$$

其中压力 p 为 1925psig，乙烯的最小点火能记录值为 0.084mJ，温度 T 为 225℉。因此：

$$POII_{静电} = 0.003 \times (1925)^{1/3} \times \{(0.084) \times \exp[0.0044(60-225)]\}^{-0.6} = 0.255$$

此外第 2.8.1.2 节还介绍了自燃的影响。由于乙烯的温度远低于其自动点火温度，自燃对 POII 无影响。因此预测的 POII 综合值为 0.255。

二级延迟点火概率计算

只有一个区域点火源需要考虑。如表 2.2 中所列，点火源强度 $S = 0.15$。最后根据第 2.8.2.2 节计算出 PODI 基础值：

$$PODI_{S/D} = 1 - [(1-S^2) \times e^{-St}]$$

$$PODI_{S/D} = 1 - [(1-0.15^2) \times e^{-0.15 \times 2}] = 0.276$$

第一个用来修正 PODI 基础值的乘数是"泄漏量"。根据第 2.8.2.3 节所述，可以用失效管道的直径或泄漏量来估算：

$$M_{MAG孔径(气态)} = 孔径 = 0.5$$

$$M_{MAG泄漏量(气态)} = (泄漏量/1000)^{0.5} = (900/1000)^{0.5} = 0.95$$

采用二者的平均值即 0.7。

PODI 的第二个乘数是根据泄漏物质的 MIE 计算的。由第 2.8.2.4 节可知：

$$M_{MAT} = 0.5 - 1.7\log(MIE)$$

或

$$M_{MAT} = 0.5 - 1.7\log(0.084) = 2.33$$

如第 2.8.2.5 节所述，第三个系数是通过比较泄漏温度和标准沸点（或闪点）来确定的。但这一点并不适用于蒸气泄漏。同样地，因为泄漏发生在室外，第 2.8.2.6 节中提到的室内/室外乘数为 1。

因此第一点火源的总 PODI 值为

$$PODI_{Level\ 2} = PDOI_{S/D} \times M_{MAG} \times M_{MAT} \times M_T \times M_{IN/OUT}$$

$$PODI_{Level\ 2} = 0.276 \times 0.7 \times 2.33 \times 1 \times 1 = 0.45$$

最终第 2 级点火概率计算

上述 POII 的估算值为 0.255。由于立即点火排除了延迟点火的概率，因此延迟点火概率为

$$PODI_{最终} = PODI_{计算}(1-POII) = 0.45(1-0.255) = 0.335$$

上述 PODI 值包含了火灾和爆炸结果。

结果讨论

这个案例说明了一个没有点火的实际泄漏事件的报告。本书中的算法预测泄漏物极有可能不会被点燃，但有很大的点火概率。

由于泄漏发生在装置的边缘，可以将点火概率与装置的事件比例相乘。这个比例可能受以下因素影响：①点火源与装置其他部分的相对位置和角度；②风向；③扩散趋势（压力）。

4.3.2　苯管道破裂

4.3.2.1　事件描述

8in 的管道破裂导致 270psig、100℉条件下的苯泄漏到"典型"的工艺装置中。下面将对该事件进行一级分析，以便输入到保护层分析（LOPA）研究中。

4.3.2.2　点火概率计算

第 1 级立即点火概率计算

如第 2.7.1.1 节所述，第 1 级立即点火的"静电"贡献可以简单地假设为 0.05。由于苯的温度远低于它的自燃点，自燃对 POII 没有贡献。因此总 POII 的预测值为 0.05。

一级延迟点火概率计算

由于是室外泄漏且化学品在标准选择列表中，PODI 值可以根据第 2.7.2 节的式(2-17)计算：

$$PODI = 0.15 - 0.25\log(MIE)$$
$$PODI = 0.15 - 0.25\log(0.2) = 0.325$$

最终第 1 级点火概率计算

上述 POII 的估算值为 0.05。由于立即点火排除了延迟点火的概率，因此延迟点火概率为

$$PODI_{最终} = PODI_{计算}(1 - POII) = 0.325(1 - 0.05) = 0.31$$

上述 PODI 值包含了火灾和爆炸结果。

结果讨论

这是真实发生的事件，并且并没有导致燃烧。本书中的算法表明点火的概率约为三分之一。

4.3.3　丁酮储罐溢流

4.3.3.1　事件描述

丁酮（MEK）储存在 7500gal（1gal ≈ 3.79L）有氮气保护的立式储罐中，储存温度为 20℃。场景是储罐泄漏或排放管线泄漏/故障，导致短时间内（10min 到几个小时）储罐内物质全部泄漏到围堰和溢流池中。考虑到泄漏位置，预计泄漏不能被安全阻止。

此外，很可能会有一辆罐车在距离储罐约 50ft 处卸料，并且罐车周围 25ft 处的围堰排污可能将丁酮液体排放过来。虽然罐车卸料时会停止运行，但在其定位后，走位却需运行，罐车尾气会维持较高温度大约 10min。所以 25%白天的罐车

卸料时间中,有10%的时间存在高温点火源。而当现场风向为西风($P=0.3$)时,丁酮蒸气云就会被吹至罐车区域。当泄漏速度为15kg/s(关注的最低泄漏速度)时,LFL羽流宽20ft,长30ft。并且当泄漏速度达到150kg/s时(灾难性),LFL云的仍然只有40ft宽和40ft长。该区域也会有其他车辆,但距离围堰超过50ft。所以问题的关键是,当LFL云吹向高温的发动机尾气时,POI的值是多少?

4.3.3.2 潜在点火源

上述问题部分可以通过本书中的工具解决,但有些则不能解决。目前,可以假设云团可以接触到点火源(风向和罐车状态允许)。这种假设的条件概率随后会进行讨论(图4.5)。

图4.5 从丁酮(MEK)储罐泄漏

只有一个点火源——高温发动机。计算将在1级和2级进行。

4.3.3.3 点火概率计算

立即点火概率计算

第1级分析——如第2.7.1节所述,由于在环境储存温度下自燃无贡献,POII值设为0.05。

第2级分析——根据第2.8.1.1节,对立即点火的贡献包括"静电"贡献,而"静电"贡献取决于罐体压力和释放物料的有效MIE:

$$POII_{静电}=0.003\times p^{1/3}\times\{MIE_{报道}\times(10000/p_{液态})^{0.25}\times\exp[0.0044(60-T)]\}^{-0.6}$$

考虑到罐内液压头,压力$p(=p_{液态})$为5psig。MEK的最小点火能为0.53mJ,温度T为68℉。因此:

$$POII_{静电}=0.003\times5^{1/3}\times\{0.53\times(10000/5)^{0.25}\times\exp[0.0044(60-68)]\}^{-0.6}=0.00245$$

此外第2.8.1.2节还介绍了自燃的影响。由于混合物的温度远低于其自动点火温度,自燃对POII无影响。因此预测的POII综合值为0.00245。

延迟点火概率计算

第1级分析——由于该化学品在标准选择列表中,PODI值可以根据第

2.7.2 节的式(2-17)自动计算:

$$PODI = 0.15 - 0.25\log(MIE)$$
$$PODI = 0.15 - 0.25\log(0.53) = 0.22$$

第 2 级分析——强度 S 可以用以下两种方式计算:假设罐车是表 2.2 中所列"机动车辆";根据表 2.2 中的讨论,将罐车视为"热表面"。两种情况下的 S 值分别为

$$S_{机动车} = 0.3$$
$$S_{热表面} = 0.5 + 0.0025[1000 - 941 - 100(1)] = 0.40$$

(在上述计算中,发动机温度假设为 1000℉,气体流经发动机的速率假设为 1m/s,MEK 自燃温度为 941℉)强度选择二者平均值 0.35。

根据原始叙述,罐车发动机会保持 10min 热度。因此依据第 2.8.2.2 节,计算 PODI 基础值如下:

$$PODI_{S/D} = 1 - [(1 - S^2) \times e^{-St}]$$
$$PODI_{S/D} = 1 - [(1 - 0.35^2) \times e^{-0.35 \times 10}] = 0.973$$

第一个用来修正 PODI 基础值的乘数是"泄漏量"。它可以用之前描述的两种泄漏情形的泄漏量来估算,然后用于第 2.8.2.3 节中的权重关系计算:

泄漏量为 $15kg/s = (15kg/s)(2.2lb/kg)(600s) = 19800lb$

以及 $M_{MAG\_泄漏量(液态)} = (泄漏量/5000)^{0.3} = 1.51$

泄漏量为 $150kg/s = (150kg/s)(2.2lb/kg)(600s) = 198000lb.$

150kg/s 时的泄漏量 $= (150kg/s)(2.2lb/kg)(600s) = 198000lb$,超过了储罐容量 7500gal(约为 50000lb),因此将泄漏量限定为 50000lb,事件持续时间限制在 2.5min 内。上述的 PODI 基础值计算也需要相应更改:

$$PODI_{S/D(150kg/s)} = 1 - [(1 - 0.35^2) \times e^{-0.35 \times 2.5}] = 0.634$$
$$M_{MAG\_泄漏量(液态)} = (50000/5000)^{0.3} = 2.00$$

PODI 的第二个乘数是根据泄漏物料的 *MIE* 计算的。由第 2.8.2.4 节可知:

$$M_{MAT} = 0.5 - 1.7\log(MIE)$$

或 $M_{MAT} = 0.5 - 1.7\log(0.53) = 0.97$

如第 2.8.2.5 节所述,第三个系数是通过比较泄漏温度和标准沸点来确定的:

$$M_T = 1 - (NBT - T)/230$$

或 $M_T = 1 - (175 - 68)/230 = 0.535$

最后一个乘数是对室内和室外泄漏的比较,本次事件是室外泄漏,乘数设定为 1。因此:

$$PODI_{Level\ 2} = PDOI_{S/D} \times M_{MAG} \times M_{MAT} \times M_T \times M_{IN/OUT}$$

$$PODI_{Level\ 2,15kg/s} = 0.973 \times 1.51 \times 0.97 \times 0.535 \times 1 = 0.762$$

$$PODI_{Level\ 2,150kg/s} = 0.634 \times 2.00 \times 0.97 \times 0.535 \times 1 = 0.658$$

最终点火概率计算

第 1 级分析——上述 POII 和 PODI 的估算值分别为 0.05 和 0.22。由于立即点火排除了延迟点火的概率，因此延迟点火概率为

$$PODI_{最终} = PODI_{计算}(1-POII) = 0.22(1-0.05) = 0.21$$

上述 PODI 值包含了火灾和爆炸结果。

第 2 级分析——POII 估算值为 0.00245。15kg/s 和 150kg/s 的泄漏情况下 PODI 估算值分别为 0.762 和 0.658。由于立即点火排除了延迟点火的概率，因此延迟点火概率为

$$PODI_{最终,15kg/s} = PODI_{计算}(1-POII) = 0.762(1-0.00245) = 0.76$$

$$PODI_{最终,150kg/s} = PODI_{计算}(1-POII) = 0.658(1-0.00245) = 0.66$$

上述 PODI 值包含了火灾和爆炸结果。

结果分析

在这个案例中，第 2 级分析得出的延迟点火概率高于第 1 级分析。这说明了第 4.2.1 节中关于概率计算保守性的观点。

在本书的算法外，还有一个因素可以被纳入到分析中，那就是不利风向（高温发动机方向）的概率。如果风向有 25% 的时间是朝向高温发动机方向，则把 PODI 值乘以 0.25，结果为 0.165（接近于第 1 级分析结果）。

4.3.4　室内丁酮（MEK）桶破损

4.3.4.1　事件描述

20℃的大型建筑内，由于叉车刺破导致丁酮桶泄漏，10min 内共泄漏了 220gal 丁酮。丁酮的泄漏足迹约为 50ft 长、30ft 宽，低处约 1.5in 深。这种情况下，通过气体防爆仪核实可燃极限可到达泄漏区边缘外 20ft。该区域防爆等级为 1 级 2 区。室内排风扇启动的情况下，每小时换气超过 10 次。LFL 区域在有限的时间内有人员存在。这种情况下 POI 值应为多少（这是一个没有点火但很惊险的真实事件）？

为了在计算室内点火概率时考虑到通风的影响（附录 B 中的补充模型），将对这个案例进行第 3 级分析。

进一步的信息——泄漏所在房间尺寸为 80ft×125ft×15ft。

4.3.4.2 潜在点火源

存在以下点火源：

室内工艺区——可视为"中密度工艺区"。虽然现场人员可能被描述为点火源，但这里假设他们只代表中密度工艺区的正常人群。

4.3.4.3 点火概率计算

根据第 2.9.1 节，第 2 级、第 3 级分析中立即点火对 POII"静电"贡献的唯一区别是对泄漏后物质温度的选取，而不是工艺温度。在这个案例中，二者温度相同，因此：

$$POII_{静电} = 0.003 \times p^{1/3} \times \{MIE_{报道} \times (10000/p_{液态})^{0.25} \times \exp[0.0044(60-T)]\}^{-0.6}$$

考虑到桶内液压头，压力 $p(=p_{液态})$ 为 1psig。丁酮的最小点火能为 0.53mJ，温度 T 为 68℉。因此：

$$POII_{静电} = 0.003 \times (1)^{1/3} \times \{(0.53) \times (10000/1)^{0.25} \times$$
$$\exp[0.0044(60-68)]\}^{-0.6} = 0.0154$$

此外第 2.8.1.2 节还介绍了自燃的影响。由于该混合物的温度远低于其自动点火温度，自燃对 POII 无影响。因此预测的 POII 综合值为 0.0154。

第 3 级分析中，对第 2 级分析相关的可进行的深入的包括：

(根据第 2.9.2.1 节)根据点火源管理情况来修正 S 数值。在这个案例中，假设Ⅰ级 2 区是这类应用中"典型"的点火源管理，因此二级分析的 S 值不需要进行修改。

(根据附录 B)室内泄漏应考虑对通风的修正。

除上述修正外，其余分析方法与二级分析相同。

室内工艺区——上文描述其为"中密度工艺区"。点火源强度 S 如表 2.2 中所列为 0.15。最后根据第 2.8.2.2 节计算出 PODI 基础值：

$$PODI_{S/D} = 1-[(1-S^2) \times e^{-St}]$$
$$PODI_{S/D} = 1-[(1-0.15^2) \times e^{-0.15 \times 10}] = 0.782$$

第一个用来修正 PODI 基础值的乘数是"泄漏量"。根据第 2.8.2.3 节中的描述，可以用泄漏量(220gal，约 1475lb)来估算：

$$M_{MAG\_泄漏量(液态)} = (泄漏量/5000)^{0.3} = 0.693$$

PODI 的第二个乘数是根据泄漏物料的 MIE 计算的。由第 2.8.2.4 节可知：

$$M_{MAT} = 0.5-1.7\log(MIE)$$

或　　　　$$M_{MAT} = 0.5-1.7\log(0.53) = 0.969$$

如第 2.8.2.5 节所述，第三个系数是通过比较泄漏温度(或闪点)和标准沸点来确定的：

$$M_T = 1 - (NBT - T)/230$$

或 $$M_T = 1 - (175 - 68)/230 = 0.535$$

最后一个乘数考虑的是室内泄漏。在三级分析中，可以根据附录 B 按照以下方式考虑通风问题：

$$建筑物体积(V) = 80ft \times 125ft \times 15ft = 150000ft^3$$

已知有效通风率（EVR）为每小时换气量（ACH）大于 10，但 10ACH 的假设有些保守。

出风方向——假定排气装置不是专门用于将建筑内蒸汽从疑似点火源旁引走（$B_{vdd} = 1$）。

根据附录 B，室内乘数 M_V 为

$$M_V = 1.5 \times B_{es} \times B_{vr} \times B_{vdd}$$

$$B_{es} = (V/150000)^{-1/3} = (150000/150000)^{-1/3} = 1.00$$

$$B_{vr} = (EVR/2)^{-1/2} = (10/2)^{-1/2} = 0.447$$

$$M_V = 1.5 \times 1.00 \times 0.447 \times 1 = 0.671$$

最终 $$PODI_{Level\ 3,室内} = PDOI_{S/D} \times M_{MAG} \times M_{MAT} \times M_T \times M_V$$

$$PODI_{Level\ 3,室内} = 0.782 \times 0.693 \times 0.969 \times 0.535 \times 0.671 = 0.189$$

最终第 3 级点火概率计算

上述 POII 的估算值为 0.0154。由于立即点火排除了延迟点火的概率，因此延迟点火概率为

$$PODI_{最终} = PODI_{计算}(1 - POII) = 0.189(1 - 0.0154) = 0.19$$

上述 PODI 值包含了火灾和爆炸结果。

结果讨论

对这个案例进行扩展，如第 4.7.4 节中的例子所示，可以确定提高现有通风率的好处。此外，当有人抱怨当前系统运行成本或高通风率导致的不适（如冬天室内温度低）时，也可以通过与低通风率情况的比较来确定保持当前系统的合理性。

4.3.5 高空泄漏

4.3.5.1 事件描述

在这个案例中，涉及环氧乙烷（EO）的反应失控导致容器超压，环氧乙烷通过安全阀排放到大气中。已确定减压装置尺寸足够大，且容器的填充量没有高到会产生两相泄漏。在距离地面 5m 处安全阀呈 90°释放，产生的可燃环氧乙烷蒸气云顺风移动 45m 进入到结构为 15m 高、50m 宽的工厂工艺区。由于工艺区距

离环氧乙烷排放管线只有 15m，工艺结构中有 30m 的区域会被环氧乙烷云覆盖，环氧乙烷云宽 40m、高 8m、距离地面 3m 以上。这大体上会影响到三层工艺结构的第二层。此外，该区域属于存在 9600m³ 可燃环氧乙烷蒸气的阻塞区域。可以用扩散模型来确定环氧乙烷蒸气云能否填满第二层区域。

环氧乙烷释放温度为 153℉（67℃），释放压力为 76psig。工艺区为 1 级 2 区，且现场通常有操作人员。以 46kg/s 的速率释放 530s，释放物质最多为 25000kg 的环氧乙烷。

4.3.5.2 潜在点火源

存在以下点火源：

工艺区——一般而言，该区域"中密度工艺区"。然而，泄漏预计释放区域内的高空部分几乎没有火源。因此，分析人员可以人为地将该区域视为"低密度工艺区"。随后进行讨论的分析工作将在此基础上进行。对这个案例将进行二级分析。

4.3.5.3 点火概率计算

根据第 2.8.1.1 节，在结合使用的独立因素和修正后，对立即点火的"静电"贡献可用以下公式表示：

$$POII_{静电} = 0.003 \times p^{1/3} \times \{MIE_{报道} \times \exp[0.0044(60-225)]\}^{-0.6}$$

其中压力 p 为 76psig，环氧乙烷的最小点火能报告值是 0.065mJ，温度 T 为 153℉。因此：

$$POII_{静电} = 0.003 \times (76)^{1/3} \times \{(0.065) \times \exp[0.0044(60-153)]\}^{-0.6} = 0.084$$

此外第 2.8.1.2 节还介绍了自燃的影响。由于环氧乙烷的温度远低于其自动点火温度 804℉（429℃），自燃对 POII 无影响。因此预测的 $POII$ 综合值为 0.084。

第 2 级延迟点火概率计算

只有一个区域点火源需要考虑；由于上文提到的原因，该区域视为"低密度工艺区"。如表 2.2 中所列，点火源强度 $S = 0.1$，事件持续时间为 530s（8.8min）。最后根据第 2.8.2.2 节计算出 PODI 基础值：

$$PODI_{S/D} = 1 - [(1-S^2) \times e^{-St}]$$

$$PODI_{S/D} = 1 - [(1-0.1^2) \times e^{-0.1 \times 8.8}] = 0.589$$

第一个用来修正 PODI 基础值的乘数是"泄漏量"。根据第 2.8.2.3 节所述，可以用泄漏量（25000kg，55000lb）来估算：

$$M_{MAG\_泄漏量(气态)} = (泄漏量/1000)^{0.5} = (55000/1000)^{0.5} = 7.42$$

该值超过了 $M_{MAG\_泄漏量(气态)}$ 的限制值，因此重新设定为 2。

PODI 的第二个乘数是根据泄漏物料的 MIE 计算的。由第 2.8.2.4 节可知：

$$M_{MAT} = 0.5 - 1.7\log(MIE)$$

或
$$M_{MAT} = 0.5 - 1.7\log(0.065) = 2.52$$

如第2.8.2.5节所述，第三个系数是通过比较泄漏温度和标准沸点(或闪点)来确定的。但这一点并不适用于蒸气泄漏。同样地，因为泄漏发生在室外，第2.8.2.6节中提到的室内/室外乘数为1。

因此总$PODI$值为：

$$PODI_{Level\,2} = PDOI_{S/D} \times M_{MAG} \times M_{MAT} \times M_T \times M_{IN/OUT}$$

$$PODI_{Level\,2} = 0.589 \times 2 \times 2.52 \times 1 \times 1$$

由于结果大于1，延迟点火可以认为是基本确定的。

第2级爆炸概率计算

爆炸概率通常不在本书算法的讨论范围之内，因为其取决于拥塞/受限因素，而这些因素必须通过后果模型处理。基于以上原因，只在附录B及本章中个别测试案例中详细讨论了爆炸概率模型。但在这些案例中，泄漏物质基本具有较高的燃烧速率，且被释放到了中度拥塞的空间。基于这些原因，可以合理地在没有后果模型的协助下得出结论：爆炸有可能发生。因此，这个案例将使用附录B所描述的爆炸概率模型来进行计算。

根据附录B所述，延迟点火爆炸概率(POEGDI)的"基础"值0.3需要再乘以三个因子：

$$POEGDI_{Level\,2} = 0.3 \times M_{CHEM} \times M_{MAGE} \times M_{IN/OUT}$$

这些项通过以下计算：

M_{CHEM}——M_{CHEM}是化学物质"反应性"的函数，或是用基本燃烧速率来衡量的点火后爆炸的倾向。乙烯是一种"高反应性"物质，因此M_{CHEM}值为2。

M_{MAGE}——M_{MAGE}和M_{MAG}类似，但其不如$PODI$影响高。根据附录B可知：

$$M_{MAGE} = (PODIM_{MAG})^{0.5}$$

$$M_{MAGE} = (2)^{0.5} = 1.41$$

$M_{IN/OUT}$——$M_{IN/OUT}$是室内泄漏时的乘数，计算方法与PODI相同。对于室外泄漏，$M_{IN/OUT}$值为1。

因此，2级分析的总POEGDI值为

$$POEGDI_{Level\,2} = 0.3 \times 2 \times 1.41 \times 1 = 0.85$$

最终第2级点火概率计算

上述POII的估算值为0.084。由于立即点火排除了延迟点火的概率，因此延迟点火概率为

$$PODI_{最终} = PODI_{计算}(1 - POII) = 1(1 - 0.084) = 0.916$$

上述 PODI 值包含了火灾和爆炸结果。延迟点火导致爆炸的比例通过上述计算可知为 0.85。

因此每种结果的概率为

$$POII = 0.084$$
$$PODI_{导致爆炸} = 0.916(0.85) = 0.78$$
$$PODI_{只导致火灾} = 0.916(0.15) = 0.14$$

结果讨论

这个案例说明了一种情况：可以用更好地反映区域已知存在(或不存在)点火源的定义来替换标准区域点火源定义。即使如此，模型预测结果依然是基本确定会点燃。

这样做得到的是一个相对保守的模型，但这种保守是合理的。在这次事件中，喷射呈水平方向泄漏至阻塞空间中，并且会持续至其达到可燃极限。虽然泄漏模型预测的是不间断排放，但事实上拥塞区域很可能导致喷射撞击。一旦云团的势头被扰乱，这种撞击可能会导致其形成比预测值更大的羽流和/或云团向较低的高度下沉。

最后，因为该模型预测结果为 100% 燃烧所以不存在中毒的结果假设可能过于轻率。可能有一些原因(如风向)导致泄漏不接触点火源，这些应包含在事件树中。但即使没有这些影响，用户也应该假定一个较低但非零的未点火概率，以免排除了结果事件树种的中毒分支。

4.4 工作案例(炼油厂)

4.4.1 观察孔汽油泄漏

4.4.1.1 事件描述

C-101 塔上与¾in 管道连接的观察孔出现故障，导致汽油在 3bar(45psig)、120℃(248°F)的条件下泄漏。泄漏速率约为 4kg/s(530lb/min)。泄漏源到 LFL 云(圆)的距离估计为 40m(130ft)。塔位于由 G 号、H 号、19 号和 20 号道路环绕的高密度工艺区中(图 4.6)。

20 号道路是通往炼油厂其他区域

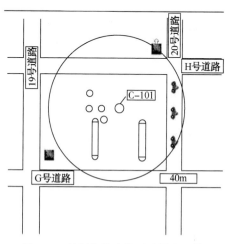

图 4.6 观察孔故障位置及周边环境

的主要途径，车流量很大（大于 100 辆/天）。19 号、G 号、H 号道路交通量适中，24h 平均约有 15 辆车。同时在泄漏点附近还有两个炉子。假设操作人员对泄漏的响应使 C-101 充分减压，以便于应急团队在 15min 内接近并隔离观察孔。对以上情况将进行二级分析。

4.4.1.2 潜在点火源

存在以下点火源：

20 号道路交通——20 号道路是通向炼油厂其他区域的主要途径，车流量很大（100 辆/天）。如果 20 号道路上可燃云覆盖的路径约为 40m（130ft），限速 15 英里/小时（25km/h），那么 20 号道路可燃云中的平均车辆数为

$$(120cars/day)(40m/car)(day/24h)(h/15miles)(mile/1609m)=0.0082$$

19 号、G 号、H 号道路交通——每条道路的平均车流量为 15 辆/天。如果被可燃云覆盖的道路长度与 20 号道路相同（保守起见，包含 19 号道路），且限速为 15 英里/小时（25km/h），那么这三条道路可燃云中的平均车辆数为

$$(45cars/day)(40m/car)(day/24h)(h/15miles)(mile/1609m)=0.0031$$

工艺区——认为是"高密度工艺区"。

加热炉——上文提到泄漏源附近有两个加热炉。加热炉可以被视为高密度工艺区的子设备，但分配给加热炉的点火源"强度"强于高密度工艺区。因此为了避免重复计算，这里将使用加热炉的数据而把工艺装置源视为次要点火源。

4.4.1.3 点火概率计算

第 2 级立即点火概率计算

根据第 2.8.1.1 节，在结合独立因素和修正后，对立即点火的"静电"贡献可用以下公式表示：

$$POII_{静电}=0.003\times p^{1/3}\times\{MIE_{报道}\times(10000/p_{液态})^{0.25}\times exp[0.0044(60-225)]\}^{-0.6}$$

其中压力 $p(=p_{液态})$ 为 45psig，汽油的最小点火能报告值范围为 0.23~0.8mJ（假定为 0.4mJ），温度 T 为 248℉。因此：

$$POII_{静电}=0.003\times(45)^{1/3}\times\{(0.4)\times(10,000/45)^{0.25}\times$$
$$exp[0.0044(60-248)]\}^{-0.6}=0.013$$

此外第 2.8.1.2 节还介绍了自燃的影响。由于汽油的温度远低于其自动点火温度，自燃对 POII 无影响。因此预测的 POII 综合值为 0.013。

第 2 级延迟点火概率计算

一共有 4 个点火源需要考虑，每一个都必须用第 2.8.2 节描述的算法单独计算。

PODI 基础值是基于点火源强度和时间持续时间。其中点火源强度可以通过

表2.2得知：

$$S = 1 - 0.7^V$$

首先只考虑20号道路的交通，上文已计算出易燃云中平均有0.0082辆汽车。考虑到规定的距离和车速，车辆在云中的停留时间约为5.8s（0.1min）。因此：

$$S = 1 - 0.7^{0.0082} = 0.00292$$

最后根据第2.8.2.2节计算出 $PODI$ 基础值：

$$PODI_{S/D} = 1 - \left[(1 - S^2) \times e^{-St} \right]$$

$$PODI_{S/D} = 1 - \left[(1 - 0.00292^2) \times e^{-0.00292 \times 0.1} \right] = 0.0030$$

第一个用来修正PODI基础值的乘数是"泄漏量"。如第2.8.2.3节所述，其数值可以用失效管道直接来估算：

$$M_{MAG\_孔径（液态）} = （孔径）^{0.6} = 0.75^{0.6} = 0.84$$

PODI的第二个乘数是根据泄漏物料的 MIE 计算的。由第2.8.2.4节可知：

$$M_{MAT} = 0.5 - 1.7\log(MIE)$$

或

$$M_{MAT} = 0.5 - 1.7\log(0.4) = 1.18$$

如第2.8.2.5节所述，第三个系数是通过比较泄漏温度和标准沸点来确定的。在这个案例中，汽油包含多种沸点不同的物质，有些低于泄漏温度，有些高于泄漏温度。因此这里假设泄漏温度是标准沸点，乘数选为1。同样地，因为泄漏发生在室外，第2.8.2.6节中提到的室内/室外乘数为1。

因此，第一个点火源的总 $PODI$ 值为

$$PODI_{Level\,2} = PDOI_{S/D} \times M_{MAG} \times M_{MAT} \times M_T \times M_{IN/OUT}$$

$$PODI_{Level\,2} = 0.0030 \times 0.84 \times 1.18 \times 1 \times 1 = 0.0030$$

其他车辆点火源也可以用相同方式计算，结果为 $PODI_{Level\,2} = 0.00011$。

加热炉（单独）

如前所述，PODI基础值是基于点火源强度和事件持续时间的。加热炉的点火源强度如表2.2所列为0.9。而在这个案例中，有效持续时间是泄漏的全部时间15min；但由于第2.8.2.2节提到的原因，将时间限制为10min：

$$PODI_{S/D} = 1 - \left[(1 - 0.9^2) \times e^{-0.0 \times 10} \right] \approx 1$$

因此，其他点火源与加热炉相比微不足道，可以基本确定会延迟点火。

最终第2级点火概率计算

上述 POII 的估算值为0.013。由于立即点火排除了延迟点火的概率，因此延迟点火概率为

$$PODI_{最终} = PODI_{计算}(1 - POII) = 1(1 - 0.013) = 0.99$$

上述 PODI 值包含了火灾和爆炸结果。

结果讨论

上述分析中的若干个默认假设都比较保守。如规定泄漏的有效持续时间为15min，并在之后的计算中默认点火源在该时间段内一直保持活跃。事实上，在泄漏被隔离前，是有可能做到关闭加热炉并中断交通的。因此上述分析还可以针对这些因素进一步完善。

此外，上述分析也存在不保守的地方：默认泄漏被隔离后就会停止暴露。事实上泄漏很可能会形成汽油池，并不断产生蒸气。分析中则默认了应急响应人员能够在隔离泄漏的同时借助灭火泡沫等手段防止蒸气产生。

4.4.2 汽油储罐溢流

4.4.2.1 事件描述

在以 5400lb/min(41kg/s) 的速度远程向汽油储罐进行加注时，储罐液位控制系统失效，导致储罐液溢流。事故发生 10min 后进料阀才被关闭。储罐所在区域为典型罐区，无其他点火源。对于这个案例，将执行二级分析。

4.4.2.2 潜在点火源

罐区设备是唯一的点火源。可以按照表 2.2 所述称其为"偏远室外存储区"。

4.4.2.3 点火概率计算

第2级立即点火概率计算

根据第 2.8.1.1 节，在结合个体贡献和修正后，对立即点火的"静电"贡献可用以下公式表示：

$$POII_{静电} = 0.003 \times p^{1/3} \times \{MIE_{报道} \times (10000/p_{液态})^{0.25} \times \exp[0.0044(60-225)]\}^{-0.6}$$

在这个案例中假设储罐内压力 $p(=p_{液态})$ 为 5psig，汽油的最小点火能报告值范围为 0.23~0.8mJ（假定为 0.4mJ），温度 T 略高于环境温度（30℃/86℉）。因此：

$$POII_{静电} = 0.003 \times (5)^{1/3} \times \{(0.4) \times (10000/5)^{0.25} \times \exp[0.0044(60-86)]\}^{-0.6} = 0.0030$$

此外第 2.8.1.2 节还介绍了自燃的影响。由于汽油的温度远低于其自动点火温度，自燃对 POII 无影响。因此预测的 POII 综合值为 0.0030。

第2级延迟点火概率计算

根据表 2.2 可知区域点火源强度 $S=0.025$。事件描述中的溢流持续时间为10min。如果考虑到汽油池产生的蒸气，可燃云的有效持续时间会大于10min。但由于第 2.8.2.2 节所述原因，持续时间限定为 10min。于是可计算 PODI 基础值如下：

$$PODI_{S/D} = 1 - [(1-S^2) \times e^{-St}]$$

$$PODI_{S/D} = 1 - [(1-0.025^2) \times e^{-0.025 \times 10}] = 0.222$$

第一个用来修正 PODI 基础值的乘数是"泄漏量"。它可以用泄漏总量来估算。以 41kg/s 的速度泄漏 10min，总量为 24600kg（54200lb）然后按照第 2.8.2.3 节计算，

$$M_{MAG\_泄漏量(液态)} = (54200/5000)^{0.3} = 2.04$$

PODI 的第二个乘数是根据泄漏物料的 MIE 计算的。由第 2.8.2.4 节可知：

$$M_{MAT} = 0.5 - 1.7\log(MIE)$$

或

$$M_{MAT} = 0.5 - 1.7\log(0.4) = 1.18$$

如第 2.8.2.5 节所述，第三个系数是通过比较泄漏温度和标准沸点来确定的。在这个案例中，汽油的储存条件远低于标准沸点，因此乘数选为 1。同样地，因为泄漏发生在室外，第 2.8.2.6 节中提到的室内/室外乘数为 1。

因此，第一个点火源的总 PODI 值为

$$PODI_{Level\ 2} = PDOI_{S/D} \times M_{MAG} \times M_{MAT} \times M_T \times M_{IN/OUT}$$

$$PODI_{Level\ 2} = 0.222 \times 2.04 \times 1.18 \times 1 \times 1 = 0.54$$

最终第 2 级点火概率计算

上述 POII 的估算值为 0.003。由于立即点火排除了延迟点火的概率，因此延迟点火概率为

$$PODI_{最终} = PODI_{计算}(1 - POII) = 1(1 - 0.003) = 0.54$$

上述 PODI 值包含了火灾和爆炸结果。

结果讨论

上述分析对有限持续时间的决定偏保守。虽然溢流时间可能会持续 10min，但在溢流初期，汽油蒸气不会接触到罐区的典型点火源。

实际事件：溢出后使用消防泡沫

本书记载的一个真实案例，在已经溢出 1700 桶（440000lb；200000kg）汽油后使用了灭火泡沫，并没有发生点火。

4.4.3　丙烷储罐溢流

4.4.3.1　事件描述

丙烷储罐加注过量，导致丙烷通过安全阀以 8000lb/min（60kg/s）的速度泄漏到大气中。一共泄漏了 100000lb（45000kg）丙烷。储罐位于相对偏远的储存区。安全阀的设定压力为 150psig（10bar），在距离地面 30ft（10m）处垂直排放。对于这个案例，将执行 2 级分析（图 4.7）。

图 4.7　丙烷罐释放

4.4.3.2 潜在点火源

存在的点火源仅为储罐区域和周围罐区的设备，按表2.2这些可描述为"远距离室外存储区"。然而，扩散分析指出泄漏的在可燃范围内的物质剂量并没有接近地面。由于在丙烷蒸气扩散范围内没有处于高处的可置信性点火源，因此只考虑立即点火。

4.4.3.3 点火概率计算

第2级立即点火概率计算

根据第2.8.1.1节，在结合个体贡献和修正后，"静电"立即点火的贡献可以用下面的公式表示：

$$POII_{静电} = 0.003 \times p^{1/3} \times \left\{ MIE_{报道} \times (10000/p_{液态})^{0.25} \exp\left[0.0044(60-T)\right] \right\}^{-0.6}$$

丙烷泄漏的压力为150psi，丙烷的MIE（最小点火能）为0.25mJ，T为环境温度（约70℉/21℃）。因此：

$$POII_{静电} = 0.003 \times (150)^{1/3} \times \left\{ (0.25) \times (10000/150)^{0.25} \right.$$

$$\left. \exp\left[0.0044(60-70)\right] \right\}^{-0.6} = 0.020$$

第2.8.1.2节描述了自燃的贡献。由于该物流的温度远低于其自燃点温度，自燃对POII没有贡献。由于丙烷的温度远低于其AIT（自燃点温度），所以自动点火对POII没有影响。因此，预测的整体POII和整体POI为0.020。

结果讨论

上面的分析说明了这本书的一个重要特征：本书中的工具不包括扩散模型，用户应负责确定泄漏的可燃气云是否可以实际接触到给定的点火源，如果可以的话，确定能够接触的概率。值得注意的是，该软件包含了本书中的方法，但没有内置这些逻辑；它只能在某些不太可能的情况下简单地给出延迟点火概率。因此，用户有义务仔细评估实际情况，并最终确定是否应忽略延迟点火的结果。

事例中在偏远的罐区没有"可置信的位于高处的点火源"这个假设也可能有例外。例如，如果由于该地区恶劣天气的原因发生泄漏，那么风暴中的闪电可能会点火泄漏物质。这构成了一个"共因"事件，超出了本书工具的使用范围。但分析人员应该考虑在泄漏时是否有可能产生点火源，运用方法去解释，而不是仅采用本书的描述。

顺便，有个与该举例非常类似的事件已经报告给本书的委员会。没有发现点火，这似乎与通过这些方法预测的低点火概率一致。

4.4.4 氢气从观察孔泄漏

4.4.4.1 事件描述

加氢处理分离器上的一个玻璃液位计失效。循环氢经玻璃上的¾in 阀门泄漏，循环氢物流组分为体积比 90%的氢气、8%的甲烷和 2%的乙烷及重气。分离器的操作工况为 1850psig 和 135℉。

假设操作员对泄漏进行响应，使分离器充分减压，应急响应团队可以在 10min 内接近并隔离玻璃液位计。加氢处理装置保守的认为是一个高密度工艺区域。将进行第 2 级分析。

4.4.4.2 立即点火概率计算

第 2 级立即点火概率计算

根据第 2.8.1.1 节，在结合个体贡献和修正后，"静电"立即点火贡献可以用下面的公式表示：

$$POII_{静电} = 0.003 \times p^{1/3} \times \{ MIE_{报道} \times \exp [0.0044 (60 - T)] \}^{-0.6}$$

压力为 1850psi，温度为 135℉。泄漏的化学品混合物具有以下的 MIE（最小点火能）：

氢气——0.016mJ；

甲烷——0.21mJ；

乙烷——0.27mJ。

假设按比例混合，平均 $MIE = 0.016 (0.9) + 0.21 (0.08) + 0.27 (0.02) = 0.00366mJ$。那么 $POII_{静电} = 0.003 \times (1850)^{1/3} \times \{ (0.0366) \times \exp [0.0044 (60 - 135)] \}^{-0.6} = 0.254$。

第 2.8.1.2 节描述了自燃的贡献。由于该物流的温度远低于其 AIT（自燃点温度），自动点火对 POII 没有影响。因此，预测的整体 POII 和整体 POI 为 0.254。

第 2 级延迟点火概率计算

根据表 2.2，高密度工艺区域点火源的强度 S 为 0.25。那么，持续 10min，按第 2.8.2.2 节对基准 PODI 进行计算：

$$PODI_{S/D} = 1 - [(1 - S^2) \times e^{-St}]$$

$$PODI_{S/D} = 1 - [(1 - 0.25^2) \times e^{-0.25 \times 10}] = 0.923$$

应用于基准 PODI 的第一个因素是"泄漏量级"乘数。可以用失效管道的泄漏孔径估算出来，如第 2.8.2.3 节所述：

$$M_{MAG\_孔径(气态)} = (孔径)^1 = 0.75^1 = 0.75$$

PODI 第二个乘数根据泄漏物质的 MIE（最小点火能）。详见第 2.8.2.4 节：

$$M_{MAT} = 0.5 - 1.7\log(MIE)$$

或 $$M_{MAT} = 0.5 - 1.7\log(0.0366) = 2.94$$

第三个应用的因素基于泄漏温度和标准沸点，如第 2.8.2.5 节所述，但对于蒸气泄漏，可设置为 1。同样，泄漏在室内，所以按照第 2.8.2.6 节所述室内/室外乘数是 1。

该混合气第一个点火源的合并 $PODI$ 是

$$PODI_{Level\ 2} = PODI_{S/D} \times M_{MAG} \times M_{MAT} \times M_T \times M_{IN/OUT}$$

$$PODI_{Level\ 2} = 0.923 \times 0.75 \times 2.94 \times 1 \times 1 = 2.04$$

由于这个值大于 1，所以应该假定该物质在任何情况下泄漏都会着火。

最终第 2 级点火概率计算

以上 POII 估算为 0.254。由于立即点火阻止了延迟点火的可能性，延迟点火的可能性为

$$PODI_{最终} = PODI_{计算}(1 - POII) = 1(1 - 0.254) = 0.746$$

PODI 包括火灾和爆炸的结果。

结果讨论

分析表明，该事件总会点火。对于第 1.7.1 节中对氢气进行讨论所述的原因，可能是夸大了情况。但是，在泄漏后，缺乏任何关于当地环境的具体信息（可燃物在泄漏点是否被阻碍物抑制），并考虑到混合物中有其他组分，接受预测是比较谨慎的选择。

4.5 研究的案例(特殊工况)

本节中的案例情况中，分析中有一些特殊的，如：

- 分析需要使用更复杂的投机模型；
- 泄漏的物质是易燃且具有毒性的。

4.5.1 室内酸溢流——通风模型

4.5.1.1 事件描述

在启动操作时管道系统中一个 1in 的排放阀没有关闭，导致泄漏。管道内的物质是 260psig、205℃的 95%乙酸/5%水。泄漏发生在 6 层建筑的第 3 层，建筑物为水泥地面(图 4.8)。工艺建筑内有大量的仪器、电接头和旋转设备。排污系统足以清除泄漏的物质，但酸

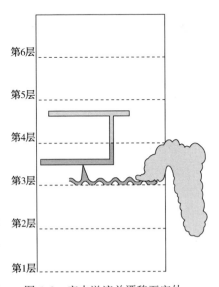

图 4.8　室内溢流并漂移至室外

的闪蒸气遍及那层结构，并传向结构的北侧，那里有一个铁路岔口(交通运输时间占1%)和车辆交通公路(交通运输时间占5%)。附近没有燃烧设备。将要进行第3级分析，以便考虑通风对室内点火概率计算的影响。

更多信息——发生泄漏的那层结构的尺寸约为30ft×50ft×20ft，冬季最小通风量为每小时换气3次。为了这个评估的目的，假定在可燃范围内的蒸气可以到达外部的点火源。假设泄漏在2min之后被远程隔断，但在之后的1min可以从液池生成大量蒸气。

4.5.1.2　潜在点火源

存在以下点火源：

室内工艺区——这是一个"中密度工艺区"；

柴油火车——只有1%的时间存在；

机动车辆——有5%的时间存在。

这些点火源需要单独评估。

4.5.1.3　点火概率计算

第3级立即点火概率计算

根据第2.9.1节，第2级和第3级POII关于"静电"对立即点火的贡献的唯一区别在于考虑泄漏后的物质温度而不是工艺温度。在这种情况下，泄漏后温度降低到其标准沸点239℉(115℃)。

使用相同的关系定义第2级分析，但使用239℉的温度，得出：

$$POII_{静电} = 0.003 \times p^{1/3} \times \{ MIE_{报道} \times (10000/p_{液态})^{0.25} \exp[0.0044(60-T)] \}^{-0.6}$$

$p(=p_{液态})$为260psig。乙酸溶液的MIE(最小点火能)数据无法获得，但根据Garland(2010)发表的测试结果选取为7mJ，T为239℉。因此：

$$POII_{静电} = 0.003 \times 260^{1/3} \times \{ 7 \times (10000/260)^{0.25} \exp[0.0044(60-239)] \}^{-0.6} = 0.0055$$

第2.8.1.2节描述了自燃的贡献。由于该混合物的温度远低于其AIT(自燃点温度)，所以对POII没有贡献。因此预测的总体POII为0.0055。

第3级延迟点火概率计算

这将需要对每个点火源单独计算。相对于第二级分析，在第3级分析中可能的增强的包括以下：

(按照第2.9.2.1节)对S的修改以说明如何管理点火源。在这种情况下，我们假设点火源的管理是"典型的"，因此与第2级分析相比没有使用任何修改。

(附表B)内部泄漏修正以考虑通风。

除了以上修正，分析的其余部分与第2级相同。现在将对每个点火源进行审查。

室内工艺区

这是一个"中密度工艺区"。如表 2.2 所示点火源强度 S 为 0.15。按照第 2.8.2.2 节所述计算基准 PODI：

$$PODI_{S/D} = 1 - \left[(1-S^2) \times e^{-St} \right]$$

$$PODI_{S/D} = 1 - \left[(1-0.15^2) \times e^{-0.15 \times 3} \right] = 0.377$$

应用于基准 PODI 的第一个因素是"泄漏量级"乘数。如第 2.8.2.3 节所述，这可以使用泄漏孔径来估算：

$$M_{MAG\_孔径(液态)} = (孔径)^{0.6} = 1$$

PODI 的第二个乘数基于泄漏物质的 MIE（最小点火能）。根据第 2.8.2.4 节，

$$M_{MAT} = 0.5 - 1.7 \log(MIE)$$

或

$$M_{MAT} = 0.5 - 1.7 \log(7) = 10.93$$

该值小于给定的最小值，因此 M_{MAT} 设定为 0.1。需要用到的第三个因素基于泄漏温度和标准沸点，如第 2.8.2.5 节所述。预计物料在泄漏时将闪蒸至其沸点，因此该因子设定为 1。

最后一个乘数考虑到室内泄漏，在第 3 级分析可以考虑通风，所以给出以下输入：

$$建筑物体积(V) = 30ft \times 50ft \times 20ft = 30000ft^3$$

通风率（EVR）= 每小时换气 3 次。进一步假设，在检测到泄漏时，没有先进的通风系统来增加通风率。

出风方向——据推测，出风没有专门设计用来将蒸气从建筑物内可能的点火源附近抽出（$B_{vdd} = 1$）。

根据附录 B，室内乘数 M_V 是

$$M_V = 1.5 \times B_{es} \times B_{vr} \times B_{vdd}$$

$$B_{es} = (V/150000)^{-1/3} = (30000/150000)^{-1/3} = 1.71$$

$$B_{vr} = (EVR/2)^{-1/2} = (3/2)^{-1/2} = 0.816$$

$$M_V = 1.5 \times 1.71 \times 0.816 \times 1 = 2.09$$

最终

$$PODI_{Level\ 3,室内} = PODI_{S/D} \times M_{MAG} \times M_{MAT} \times M_T \times M_V$$

$$PODI_{Level\ 3,室内} = 0.377 \times 1 \times 0.1 \times 1 \times 2.09 = 0.079$$

现在将考虑外部点火源的影响。

柴油火车

基准 PODI 基于点火源强度和事件持续时间。如表 2.2 所示，点火源强度，$S = 0.4$（假设火车总是活动的）。按第 2.8.2.2 节计算基准 PODI：

$$PODI_{S/D} = 1 - \left[(1-S^2) \times e^{-St} \right]$$

$$PODI_{S/D} = 1 - \left[(1-0.4^2) \times e^{-0.4 \times 3} \right] = 0.747$$

大部分的修正与在室内计算是相同的:

$$M_{\text{MAG\_孔径(液)}} = 1; \quad M_{\text{MAT}} = 0.1; \quad M_T = 1$$

在这种情况下,所评估的点火源是室外的,所以 $M_{\text{IN/OUT}} = 1$,

$$PODI_{\text{Level 3,列车}} = PODI_{S/D} \times M_{\text{MAG}} \times M_{\text{MAT}} \times M_T \times M_{\text{IN/OUT}}$$

$$PODI_{\text{Level 3,列车}} = 0.747 \times 1 \times 0.1 \times 1 \times 1 = 0.0747$$

此外,由于该点火源仅存在 1% 的时间,因此对上述结果应用 0.01 因子,得出

$$PODI_{\text{Level 3,列车}} = 0.000747 。$$

机动车

基准 PODI 基于点火源强度和事件持续时间。如表 2.2 所示,点火源强度 $S = 0.3$(假设存在一个总在"活动"的车)。按照第 2.8.2.2 节计算基准 $PODI$:

$$PODI_{S/D} = 1 - \left[(1-S^2) \times e^{-St} \right]$$

$$PODI_{S/D} = 1 - \left[(1-0.3^2) \times e^{-0.3 \times 3} \right] = 0.630$$

其他的修正与列车相同:

$$M_{\text{MAG\_孔径(液态)}} = 1; \quad M_{\text{MAT}} = 0.1; \quad M_T = 1; \quad M_{\text{IN/OUT}} = 1.$$

那么

$$PODI_{\text{Level 3,列车}} = PODI_{S/D} \times M_{\text{MAG}} \times M_{\text{MAT}} \times M_T \times M_{\text{IN/OUT}}$$

$$PODI_{\text{Level 3,列车}} = 0.630 \times 1 \times 0.1 \times 1 \times 1 = 0.0630$$

由于该点火源仅存在 5% 的时间,所以对上述结果应用 0.05 因子,得出

$$PODI_{\text{Level 3,列车}} = 0.00315 。$$

所有延迟点火的总和

严格来说,这些单个的延迟点火源不是叠加的,因为由一个点火源点火可以排除其他点火源点火。在本分析的情况下,室内点火控制着分析,所以选择叠加结果是合适的(为便于描述,忽略其他)。

[近似(加法)计算]

$$PODI_{\text{Level 3,总计}} \approx 0.079 + 0.000747 + 0.00315 = 0.0829$$

[精确计算]

$$PODI_{\text{Level 3,总计}} = 0.079 + (1-0.079)(0.000747) + \{1[0.079 + (1-0.079)$$
$$(0.000747)]\}(0.00315) = 0.0826$$

最终第 3 级点火概率计算

上面估算的 POII 为 0.152。由于立即点火排除了延迟点火的可能,延迟点火的概率是:

$$PODI_{\text{最终}} = PODI_{\text{计算}}(1 - POII) = 0.0826(1-0.152) = 0.070$$

该 PODI 包括火灾和爆炸结果。

结果讨论

该案例提出了两种可能的分析方法——模拟液体泄漏，或仅考虑泄漏后产生的蒸气且纯粹从泄漏蒸气的角度考虑这个事件。原则上，只对产生的蒸气进行建模更准确，因为纯液体模型必须大致推断出所产生的蒸气云的特征(因为这毕竟不是后果模拟工具)。然而，本书所开发的算法允许使用液体输入，因为分析人员手上可能没有精确的泄漏/扩散模型。

本例的扩展在第4.7.4节有提供，那里评估了具有先进通风系统的好处。

4.5.2 氨泄漏

氨只有轻微的可燃性，但如果在室内泄漏，则可能爆炸。它也是有毒的，IDLH(直接致害浓度)为300ppm。进行第1级分析，并输入到事件树中以描述燃烧和毒性的频率和后果输出(图4.9)，为了比较，还执行第2级分析，并输入到相同的后果/风险事件树中(图4.10)。

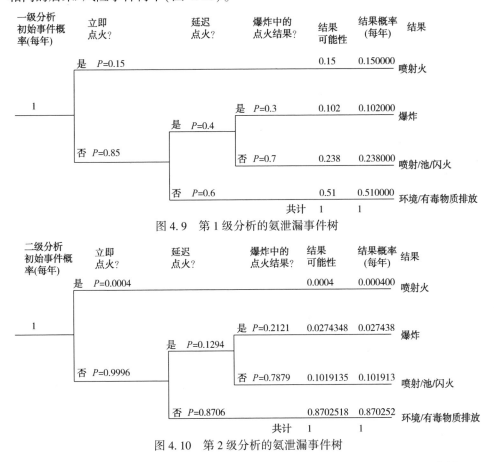

图 4.9　第1级分析的氨泄漏事件树

图 4.10　第2级分析的氨泄漏事件树

在这个案例中,在第1级分析中使用"更保守"的点火模型会导致不保守的风险结果,因为轻微影响的点火事件排除了较高严重程度的中毒事件。因此,如第4.1.2节中的案例2中所建议的那样,对于可燃且有毒的泄漏,"保守"的点火模型未必会导致保守的整体结果。

4.6 研究的案例("超出范围"的案例)

这些"超出范围"的案例代表了在某种程度上与本书预期范围(陆上易燃物泄漏)不同的情况。展示这些案例的目的仅在于说明这些"超出范围"应用的结果可能与范围内应用的相似或不同的程度。本书中的模型可能为这些情况提供准确的结果。

4.6.1 海上平台分离器气体泄漏

4.6.1.1 事件描述

该事件涉及海上生产平台的分离气体泄漏,特别是生产甲板上的分离器顶部管线泄漏或破裂。泄漏气体为:压力 $p = 100$ barg,温度 $T = 30°C$,组分含富甲烷,但有重组分含量较高的气体。泄漏可以在 1min 内被检测到并且进行隔离(释放将在检测到泄漏时被触发),但考虑到破口尺寸,较大的泄漏可能在隔离时间内已经充满此层甲板空间。管道直径为 30in,假定管线破裂。

管道的破裂/释放将导致系统的快速降压,这会影响压力输入。在较低压力的情况下,也可以考虑使用 30in 作为破口尺寸,因为破口尺寸代表了泄漏速率,泄漏速度受压力的影响(而在计算中使用的压力会更高)。

时间/min	压力/barg
0	100
1	50
2	25
10	10

这种点火源对于海上平台来说是典型的,假设等同于表2.2所述的"高密度工艺区"。

4.6.1.2 点火概率计算

第2级立即点火概率计算

根据第2.8.1.1节，在结合个体贡献和修正后，"静电"立即点火的贡献可以用下面的公式表示：

$$POII_{静电} = 0.003 \times p^{1/3} \times \{MIE \times \exp[0.0044(60-T)]\}^{-0.6}$$

压力 p 为100barg（1450psig），温度 T 为30℃（86℉）。泄漏的是甲烷和其他气体的混合气，最小点火能均值为0.29mJ，则

$$POII_{静电} = 0.003 \times (1450)^{1/3} \times \{(0.29) \times \exp[0.0044(60-86)]\}^{-0.6} = 0.076$$

第2.8.1.2节描述了自燃的贡献。由于该物流的温度远低于其自燃点温度，自燃对POII没有贡献，因此预测的整体POII为0.076。

第2级延迟点火概率计算

根据表2.2，"高密度工艺"区域点火源的强度值 S 为0.25。然后使用第2.8.2.2节中的关系式计算 $PODI$：

$$PODI_{S/D} = 1-[(1-S^2) \times e^{-St}]$$

$$PODI_{S/D} = 1-[(1-0.25^2) \times e^{-0.25 \times 10}] = 0.923$$

应用于基准PODI的第一个因素是"泄漏量级"乘数。这可以用失效管道的泄漏孔径估算出来，如第2.8.2.3节所述。根据提供的孔径得出：

$$M_{MAG\_孔径(液态)} = (孔径)^{0.6} = 3^{0.6} = 7.70$$

然而，由于孔径代表了泄漏速率，人们可能会考虑人为地减小上述使用的孔径以给出反映等效泄漏速率的方法，例如：

时间/min	压力/barg	当量孔径/in	当量 M_{MAG}
0	100	30	7.7
1	50	22	6.4
2	25	14	4.9
10	10	9	3.7

用户可以选择他们认为最合适的方法，包括计算每个时间段的离散 $PODI$。但这远远超出了软件工具的能力。

需要注意的是，上述关于 M_{MAG} 的讨论仅供说明使用；按照规则 M_{MAG} 限值为3。

PODI的第二个乘数基于泄漏物质的最小点火能。

根据第2.8.2.4节：

$$M_{MAT} = 0.5-1.7\log(MIE)$$

或 $$M_{MAT}=0.5-1.7\log(0.29)=1.4$$

第三个应用因素基于泄漏温度和标准沸点，如第2.8.2.5节所述。在这种情况下，泄漏的是蒸气，因此 M_T 的值为1。泄漏在室外，根据第2.8.2.6节中所述，室内/室外乘数也是1。

可以得出第一点火源的合并 PODI 为

$$PODI_{Level\ 2}=PODI_{S/D}\times M_{MAG}\times M_{MAT}\times M_T\times M_{IN/OUT}$$

$$PODI_{Level\ 2}=0.923\times3\times1.41\times1\times1=3.90$$

这个值大于1，表明确定可以点火。

爆炸概率计算(如附录 B 中示例)

如附录 B 中所示，为了得到延迟点火爆炸概率(POEGDI)，有三个因子作为乘数应用到"基础"值0.3上：

$$POEGDI_{Level\ 2}=0.3\times M_{CHEM}\times M_{MAGE}\times M_{IN/OUT}$$

这些因子的计算如下：

M_{CHEM}——M_{CHEM} 是一个关于化学"反应性"的函数，或基于其基本燃烧速度测得的点火爆炸的倾向性函数。纯甲烷是一种"低反应性"物质，但是这种含有足够重的元素的混合物，应该视为"中等反应性"。因此，M_{CHEM} 的值为1。

M_{MAGE}——M_{MAGE} 类似于 M_{MAG}，但是没有 M_{MAG} 对 $PODI$ 的影响大。根据附录 B，

$$M_{MAGE}=(PODI\ M_{MAG})^{0.5}$$

$$M_{MAGE}=(3)^{0.5}=1.73$$

$M_{IN/OUT}$——$M_{IN/OUT}$ 是用于室内泄漏且用于计算 $PODI$ 的乘数。对于室外泄漏，它的值为1。

所以整体第2级 POEGDI 为

$$POEGDI_{Level\ 2}=0.3\times1\times1.73\times1=0.52$$

最终第2级点火概率计算

上述 POII 估算为0.076。由于立即点火排除了延迟点火的可能性，延迟点火概率为

$$PODI_{最终}=PODI_{计算}(1-POII)=1(1-0.076)=0.924$$

该 PODI 包括火灾和爆炸结果。导致爆炸的延迟点火的比例为0.52。因此，每种结果的概率是：

$$POII=0.076$$

$$PODI_{导致爆炸}=0.924(0.52)=0.48$$

$$PODI_{仅导致火灾}=0.924(0.48)=0.44$$

结果讨论

该企业对这类事件的经验是，只要泄漏就很可能产生爆炸。这里的计算似乎与这一观察的结果是一致的，尽管通过这个案例并不能确定本书描述的方法适用于所有海上工况。

4.6.2　粉尘点火

下面的案例虽然明显超出了本书的范围，但它可以很好地说明预测粉尘爆炸频率的困难性。

预测粉尘爆炸频率的最难点之一可能是确定初始事件频率，初始事件通常被认为是在其他稳定的集尘器中产生扰乱等事件。假设这个频率可以通过某种方法进行估算，本案例将尝试去估算粉尘初始扰动导致点火的概率。

4.6.2.1　场景描述

假定在 15.24m×15.24m×9.14m 建筑物内，存在一种堆积密度为 $449kg/m^3$ 的可燃性粉尘，其沉积于该建筑内的所有表面(包括地板、房梁、设备表面等)上 ⅛in 厚度。通过粉尘体积密度比可以计算出，其总质量达到了 331kg。这足以达到粉尘的爆炸下限 $30g/m^3$。此时发生了某种初始事件，使得沉积于地面和设备上的粉尘被扬起，但没有立即被点燃。

进行二级分析以估算粉尘最终会点火/爆炸的概率，分析同时考虑高粒径粉尘(假设 MIE 为 1000mJ)和小粒径粉尘(假设 MIE 为 1mJ)。粉尘云在开放的房间环境中持续的时间范围假定为小粒径粉尘 2min，高粒径灰尘 30s。

4.6.2.2　潜在点火源

存在以下点火源：

工艺区域——该事件发生的区域可以描述为"低密度工艺区域"，在某种意义上来说，没有大量的点火源存在。

4.6.2.3　点火概率计算

第 2 级立即点火概率计算

根据第 2.8.1.1 节，在结合个体贡献和修正后，"静电"立即点火的贡献可以用下面的公式表示：

$$POII_{静电} = 0.003 \times p^{1/3} \times MIE^{-0.6}$$

在这里，房间内的压力为 0psig，因此 $POII_{静电} = 0$。这里不存在自动点火的问题，因此总体 POII 为 0，正如人们期望的那样(在这里建模的二次点火可能发生在接近初始"扰动"事件的时间段内；但点火发于其他机理，而不是立即点火，因此被评估为延迟点火)。

第 2 级延迟点火概率计算

这里有一个单独区域点火源需要考虑。点火源的强度 S 如表 2.2 中所示为 1。按照第 2.8.2.2 节，应用于我们两个粉尘情景，计算基准 $PODI$：

$$PODI_{S/D} = 1 - [(1-S^2) \times e^{-St}]$$

$$PODI_{S/D\text{细粉尘}} = 1 - [(1-0.1^2) e^{-0.1 \times 2}] = 0.189$$

$$PODI_{S/D\text{粗粉尘}} = 1 - [(1-0.1^2) e^{-0.1 \times 0.5}] = 0.058$$

应用于基线 PODI 的第一个因素是"泄漏量级"乘数。它可用失效管道的泄漏孔径或泄漏量估算出来，如第 2.6.2.3 节所述。为了达到本例的目的，将假设粉尘足够精细可以被当作蒸气来对待。则

$$M_{MAG\_\text{泄漏量(气态)}} = (\text{泄漏量}/1000)^{0.5} = (730/1000)^{0.5} = 0.854$$

$PODI$ 的第二个乘数基于泄漏物质的 MIE(最小点火能)。根据第 2.8.2.4 节：

$$M_{MAT} = 0.5 - 1.7\log(MIE)，\text{或}$$

$$M_{MAT\text{细粉尘}} = 0.5 - 1.7\log(1) = 0.5$$

$$M_{MAT\text{粗粉尘}} = 0.5 - 1.7\log(1000) = -4.6$$

由于粗粉尘的值为负数，按照第 2.8.2.4 节的规定将其重置为最小值 0.1。

应用的第三个因子基于泄漏温度和标准沸点，如第 2.8.2.5 节所述，但这不适用于蒸气(或粉尘)泄漏。另外，泄漏在室内，所以按第 2.8.2.6 节所描述的，室内/室外乘数为 1.5。

第一点火源的总体 $PODI$ 为

$$PODI_{Level\ 2} = PODI_{S/D} \times M_{MAG} \times M_{MAT} \times M_T \times M_{IN/OUT}$$

$$PODI_{Level\ 2,\text{细粉尘}} = 0.189 \times 0.854 \times 0.5 \times 1 \times 1.5 = 0.121$$

$$PODI_{Level\ 2,\text{粗粉尘}} = 0.058 \times 0.854 \times 0.1 \times 1 \times 1.5 = 0.0074$$

第 2 级爆炸概率计算(附录 B 案例)

根据附录 B 所述，为了得到延迟点火爆炸概率(POEGDI)，有三个因子作为乘数应用到"基础"值 0.3 上：

$$POEGDI_{Level\ 2} = 0.3 \times M_{CHEM} \times M_{MAGE} \times M_{IN/OUT}$$

这些因子的计算如下：

M_{CHEM}——M_{CHEM} 是一个关于化学"反应性"的函数，或基于其基本燃烧速度测得的点火爆炸的倾向性函数。实际上，这是一系列变量的函数，包括粉尘的化学成分("Kst"是一个合理的方法)及其粒径。为了本练习的目的，细粉尘被看作是"中等反应性"的物质，粗粉尘是"低反应性"的物质。因此，M_{CHEM} 的值分别为 1 和 0.5。

M_{MAGE}——M_{MAGE} 类似于 M_{MAG}，但是没有 M_{MAG} 对 PODI 的影响大。根据附录 B：

$$M_{MAGE} = (PODI \ M_{MAG})^{0.5}$$

$$M_{MAGE} = (0.854)^{0.5} = 0.924$$

$M_{IN/OUT}$——$M_{IN/OUT}$是用于室内泄漏且用来计算 PODI 一个乘数。对于这种室内泄漏，它的值为 1.5。

所以整体第 2 级 POEGDI 为

$$POEGDI_{Level \ 2,细粉尘} = 0.3×1×0.924×1.5 = 0.423$$

$$POEGDI_{Level \ 2,粗粉尘} = 0.3×0.5×0.924×1.5 = 0.212$$

最终第 2 级点火概率计算

据以上计算 POII 值为 0，该 PODI 包括火灾和爆炸结果。导致爆炸的延迟点火比例计算如上，细小粉尘和粗粉尘分别为 0.423 和 0.212。因此，每种结果的概率是：

$$POII_{细粉尘} = 0$$

$$PODI_{导致爆炸,细粉尘} = 0.121(0.423) = 0.051$$

$$PODI_{仅导致点火,细粉尘} = 0.121(0.577) = 0.070$$

$$POII_{粗粉尘} = 0$$

$$PODI_{导致爆炸,粗粉尘} = 0.0074(0.212) = 0.0016$$

$$PODI_{仅导致点火,粗粉尘} = 0.0074(0.788) = 0.0058$$

结果讨论

用户可以讨论这些结果的有效性。无论如何，正如本例开头所述，可能更棘手的问题是估算导致积尘移动的初始"扰动"事件的频率。这是一个更值得评估的领域，但超出了本书的范围。

4.7　工厂效益的案例——修改和设计变更

下面举例说明使用本书算法来计算在易燃物泄漏管理方面结合改良设备或系统或者在选择设计方案时的好处。

4.7.1　热表面点火

4.7.1.1　事件描述

为了给天然气处理厂的制冷（丙烷）气体压缩机确定一个合适的驱动器，正在进行风险敏感性分析。考虑电机、蒸汽和燃气轮机三个驱动器选项，每个都有不同的表面温度，如下所示。

项目	表面温度/℉
电动机	150
汽轮机	750
燃气轮机	1500

当检测有碳氢化合物泄漏时，燃气轮机关闭；但由于其漫长的停转时间，易燃的混合物可能被吸入进气歧管。

考虑最坏的情况，使用可置信的 2in 等效孔径作为分析的基础。压缩机释放工艺条件为 315psig，温度为 180℉。工艺模拟显示，在该位置 2in 等效孔径的丙烷泄漏会产生 25lb/s 的泄漏速率。在风速为 5m/s、稳定度等级为 D 的气体扩散分析中随风漂移时，蒸气云迅速上升到 50℉ 的环境空气。到 LFL（20000ppm）的下风距离是 100ft，所以它能完全覆盖距泄漏点仅有 30ft 的压缩机驱动器。

为达到本分析的目的，工厂的其他设备项所提供的点火源相对忽略。然后进行二级分析。

4.7.1.2　点火概率计算

第2级立即点火概率计算

根据第 2.8.1.1 节，在结合个体贡献和修正后，"静电"立即点火的贡献可以用下面的公式表示：

$$POII_{静电} = 0.003 \times p^{1/3} \times \{ MIE \times \exp[0.0044(60-T)] \}^{-0.6}$$

p 为 315psi，T 为 180℉，丙烷的 MIE（最小点火能）为 0.25mJ。所以

$$POII_{静电} = 0.003 \times (315)^{1/3} \times \{ (0.25) \times \exp[0.0044(60-180)] \}^{-0.6} = 0.064$$

第 2.8.1.2 节描述了自燃的贡献。由于该物流的温度远低于其自燃点温度，自燃对 POII 没有贡献。由于物流的温度远低于 AIT（自燃点温度），自动点火对 POII 没有贡献，因此，预测的整体 $POII$ 为 0.064。

第2级延迟点火概率计算

第 2.3.1 节描述了对热表面的处理。点火源的强度估算如下：

$$S = 0.5 + 0.0025[T - AIT - 100(CS)]$$

其中 CS 为云的速度，T 为热表面的温度。尽管距点火源一定距离的云内可能有一些喷射行为，但计算仍按保守处理，云的速度假设等于风速，即 5m/s。对于这三个设计选项，S 估算如下：

$$S_{电动机} = 0.5 + 0.0025[150 - 842 - 100(5)] = -2.5$$

$$S_{汽轮机} = 0.5 + 0.0025[750 - 842 - 100(5)] = -1.0$$

$$S_{燃气轮机} = 0.5 + 0.0025[1500 - 842 - 100(5)] = 0.89$$

电动机和汽轮机的结果表明无论哪种情况热表面点火都不重要。但燃气轮机有足够的热，需要给予关注。

假设点火情况为3min。然后根据第2.6.2.2节计算燃气轮机的基准*PODI*：

$$PODI_{S/D} = 1 - \left[(1 - S^2) \times e^{-St} \right]$$

$$PODI_{S/D} = 1 - \left[(1 - 0.89^2) \times e^{-0.89 \times 3} \right] = 0.986$$

应用于基准PODI的首要因素是"泄漏量级"乘数。可以用失效管道的泄漏孔径估算出来，如第2.8.2.3节所述：

$$M_{MAG\_孔径(液态)} = (孔径) = 2$$

PODI第二个乘数基于泄漏物质的*MIE*（最小点火能）。详见第2.8.2.4节：

$$M_{MAT} = 0.5 - 1.7\log(MIE)$$

$$或\ M_{MAT} = 0.5 - 1.7\log(0.25) = 1.52$$

第三个应用的因素基于泄漏温度和标准沸点，如第2.8.2.5节所述。在这种情况下，泄漏的是气体，因此使用了1的乘数。类似的，泄漏在室外时，根据第2.8.2.6节中所述，室内/室外乘数也是1。

该气体的第一个点火源的合并*PODI*是

$$PODI_{Level\ 2} = PODI_{S/D} \times M_{MAG} \times M_{MAT} \times M_T \times M_{IN/OUT}$$

$$PODI_{Level\ 2} = 0.986 \times 2 \times 1.52 \times 1 \times 1 = 3.0$$

由于该结果大于1，应该假定该朝向热表面方向的泄漏都会被点燃。

最终第2级点火概率计算

以上POII估算为0.064。由于立即点火阻止了延迟点火的可能性，延迟点火的可能性为

$$PODI_{最终} = PODI_{计算}(1 - POII) = 1(1 - 0.064) = 0.936$$

PODI包括火灾和爆炸的结果。

选择案例

该现场还有一台甲烷压缩机同样暴露于泄漏气云。这台压缩机的操作压力是600psig、150℉。使用上述同样的方法，得到的延迟点火概率与原来的情况明显不同，主要是因为甲烷的自燃点温度（AIT）比丙烷明显高很多。

4.7.2 泄漏预防

当然，"最好"的情况是不发生泄漏。API 580/581基于风险的检验（RBI）标准中提到的RBI方法，可以用来降低管道和容器的预测故障率。但是应注意RBI处理的是"可检测"的风险，而不是所有的风险。因此，如果有人要使RBI为基础来减少泄漏事件频率，那么他应该非常精通这些方法。

要知道使用这些方法影响的是预测的初始泄漏的频率，而不是预测的点火概率（因此超出了本书的范围）。但这些方法可以与降低点火概率的方法结合在一起，作为总体易燃风险降低策略的一部分。

4.7.3 暴露持续时间

隔离泄漏这种方法越来越多地被用于管理可燃物危害。隔离可以在检测到可燃云后自动或手动执行，使工艺物料保持存储在工艺系统中。或者，将泄漏引到一个封闭的集液区域，这样不会接触点火源。下面将对前者进行评估。

4.7.3.1 事件描述

在一个化工厂现场，异丁烷从轨道车卸载到的储罐里。转移过程使用 3in 的卸料臂；卸料臂在卸料过程中可能会由于某种原因失效，这些原因在失效模式分析（FMEA）研究中已经识别。尽管事件不太可能发生，但考虑到邻近的居民和工艺，后果可能是灾难性的。目前，泄漏在被发现并完全响应前可能会持续几分钟。该工厂想要评估采用额外的流量阀或快速检测/关闭/隔离等措施是否更有益处。出于该分析目的，假设使用先进的隔离方法可以在 1min 内完成隔离。

考虑最坏的场景，使用 3in 的可置信当量孔径作为分析基础。异丁烷转移发生在 100psig、70℉（环境温度）。经卸放模型估算，该事件会导致异丁烷的初始泄漏速率为 200lb/s；假设这个初始泄漏速率可以在事件过程中持续保持。气云进入周围可以被描述为"高密度"工艺区的工厂区域。

假设持续时间为 1min 和 10min，在第 2 级进行比较。

4.7.3.2 点火概率计算

第 2 级立即点火概率计算

根据第 2.8.1.1 节，在结合个体贡献和修正后，"静电"立即点火的贡献可以用下面的公式表示：

$$POII_{静电} = 0.003p^{1/3} \times \{MIE_{报道} \times (10000/p_{液态})^{0.25} \exp[0.0044(60-T)]\}^{-0.6}$$

压力为 100psig，温度为 70℉。异丁烷的 MIE 是 0.26mJ。因此：

$$POII_{静电} = 0.003 \times (100)^{1/3} \times \{(0.26) \times (10000/100)^{0.25} \exp[0.0044(60-70)]\}^{-0.6} = 0.016$$

第 2.8.1.2 节描述了自燃的贡献。由于该物流的温度远低于其自燃点温度，自燃对 POII 没有贡献。因此，预测的整体 POII 为 0.016。

第 2 级延迟点火概率计算

单个区域点火源被定义出来，参见表 2.2，点火源强度 S 估算为 0.25。燃气轮机的基准 PODI 根据第 2.6.2.2 节来计算：

$$PODI_{S/D} = 1 - [(1-S^2) \times e^{-St}]$$

$$PODI_{S/D,1min} = 1-\left[\,(1-0.25^2)\times e^{-0.25\times 1}\,\right] = 0.270$$
$$PODI_{S/D,10min} = 1-\left[\,(1-0.25^2)\times e^{-0.25\times 10}\,\right] = 0.923$$

应用于基准 PODI 的第一个因素是"泄漏量级"乘数。它可用失效管道的泄漏孔径估算出来，如第 2.8.2.3 节中所述：

$$M_{MAG\_孔径(液态)} = (孔径) = 3$$

PODI 第二乘数根据泄漏物质的 MIE(最小点火能)。详见第 2.8.2.4 节：

$$M_{MAT} = 0.5-1.7\log(MIE)$$

或

$$M_{MAT} = 0.5-1.7\log(0.26) = 1.49$$

第三个应用的因素基于泄漏温度和标准沸点，如第 2.8.2.5 节所述。在这种情况下，沸点远低于泄漏温度，因此使用了 1 的乘数。类似的，泄漏在室外，根据第 2.8.2.6 节中描述的室内/室外乘数也是 1。

第一个点火源的合并 PODI 是：

$$PODI_{Level\,2} = PODI_{S/D}\times M_{MAG}\times M_{MAT}\times M_T\times M_{IN/OUT}$$
$$PODI_{Level\,2,1min} = 0.270\times 3\times 1.49\times 1\times 1 = 1.20$$
$$PODI_{Level\,2,10min} = 0.923\times 3\times 1.49\times 1\times 1 = 4.12$$

结果讨论

由于结果都大于 1，所以应假定泄漏总会被点燃。在这一点上，人们可能会总结出来，既然点火在任何时间都会发生，那么提供先进的隔离系统并没有益处。但是，下列看法也应被考虑：

- 虽然对卸料臂失效情况提供先进的隔离措施没有明显的益处，但对一些较小的事件会带来切实的好处，比如上面方程中的 M_{MAG} 项减小了。
- 如果先进的隔离没有提供价值，那么表明应采取另一种方法；例如：
  - 专注于预防卸料臂故障(例如，通过检测/更换)更优于削减它的影响。应该重新审视最初的故障模式影响及危害性分析(FMECA)，以确定哪些失效原因可以被减少或消除。
  - 重新布置卸料站，使得在失效事件中不会泄漏至"高密度"区域。

4.7.4 "室内酸泄漏"案例——改善通风的好处

第 4.5.1 节阐述了一个室内泄漏且可以在建筑物室内和室外接触到点火源的情况。然而在这个例子中，在冬季标准换气率为每小时 3 次(ACH)的情况，点火概率主要由室内点火源来控制。

为了保持足够的温暖以保证工作环境可接受(人员及可能的一些设备/化学品)，在冬季持续保持较高的换气率不太实际。但是，如果能证明通风措施能显著降低点火概率，那么临时增加通风率要好于可燃气体的积聚。

一家供暖、通风和空调（HV-AC）企业已经确定，在检测到泄漏时采取15ACH的通风率是可行的。在房间内，按每15ft的间隔设置可检测10%LFL的探头，设置通风使室内空气从主要点火源处抽走。

通风乘数的最初计算如下：

$$M_V = 1.5 \times B_{es} \times B_{vr} \times B_{Vdd}$$

$$B_{es} = (V/150000)^{-1/3} = (30000/150000)^{-1/3} = 1.71$$

$$B_{vr} = (EVR/2)^{-1/2} = (3/2)^{-1/2} = 0.816$$

$$M_V = 1.5 \times 1.71 \times 0.816 \times 1 = 2.09$$

$$PODI_{Level\,3,室内,当前HVAC} = PODI_{S/D} \times M_{MAG} \times M_{MAT} \times M_T \times M_V$$

$$PODI_{Level\,3,室内} = 0.377 \times 1 \times 0.1 \times 1 \times 2.09 = 0.079$$

对于给出的通风系统，B_{es} 的计算保持不变，但 B_{vr} 和 B_{Vdd} 按照附录B进行了如下修改：

$$E_{VR} = 3 \times IVR = 9ACH \quad B_{vr} = (EVR/2)^{1/2} = (9/2)^{-1/2} = 0.471$$

$$B_{Vdd} = 0.5(通风远离可能的点火源)$$

$$M_V = 1.5 \times 1.71 \times 0.471 \times 0.5 = 0.605$$

$$PODI_{Level\,3,室内} = PODI_{S/D} \times M_{MAG} \times M_{MAT} \times M_T \times M_V$$

$$PODI_{Level\,3,室内,修改HVAC} = 0.377 \times 1 \times 0.1 \times 1 \times 0.605 = 0.023$$

外部的点火源仍然存在。修正了之前对整体 $PODI$ 的计算结果。

[近似（加法）计算]

$$PODI_{Level\,3,总计} \approx 0.023 + 0.000747 + 0.00315 = 0.0267，原始值是 0.0829。$$

结果讨论

这个例子表明，假设气体探测器和紧急通风及时启动，对先进通风系统的额外支出可以将延迟点火概率降低68%以上（冬天）。这或许不是管理层授权资金的充分理由，但至少为做决策提供了客观依据。

5　软件说明

5.1　软件工具的解释和说明

对于熟悉 Microsoft Excel 的用户来说，这本书提供的软件工具是相当直观的，尽管主要的界面是可视化的。下面是一些屏幕截图，以说明启动软件、填写输入和读取输出的逐步过程。

5.2　打开软件工具

启动软件后，用户遇到的第一个屏幕如下：

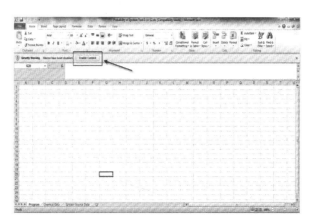

用户必须使用左上角的按钮选择"启用内容"，这时会出现一个免责声明。点击"确定"，启动画面出现：

在这一点上，用户可以选择所需的分析级别（1 是基本的、2 是中间的、3 是高级的）以及想要的度量单位（美制或公制）。接下来，用户启动信息输入过程。

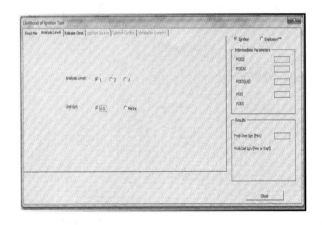

5.3 常规的输入和输出

在选择所需的分析级别之后，用户单击"泄漏数据"选项：

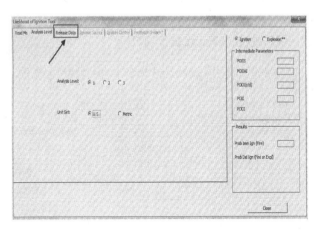

这打开了如下的化学品选择列表窗口（注意，在这个窗口中出现的字段将取决于所选的分析级别；1 级的输入如下图所示）。

化学品选择列表中的第一项显示了它的相关物理属性。若要从列表中选择另一种化学品，请单击"化学品"字段右侧的下拉箭头，化学品选择的完整菜单将在滚动列表中显示。

如果需要的化学物质不在选择列表中，用户可以使用挑选列表右边的"添加新物质"按钮手动输入新材料。

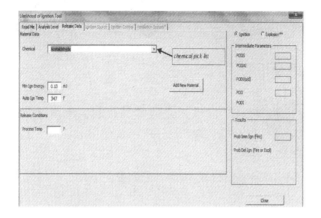

用户可以从这个屏幕添加新的化学属性：

用户现在可以输入必要的工艺条件来支持最初选择的分析级别。注意，可以随时改变分析等级，从最简单的(第1级)到最复杂的(第3级)。

5.4 第1级分析的输入

第1级分析的"泄漏数据"项输入是非常基础的，与在危险与可操作性分析(HAZOP)、保护层分析(LOPA)或类似分析中所使用的相当，这些分析只需要低分析度的值，并且没有更详细的信息。事实上，除了化学性质外，大多数情况下是预先输入的，唯一需要的额外信息是工艺温度：

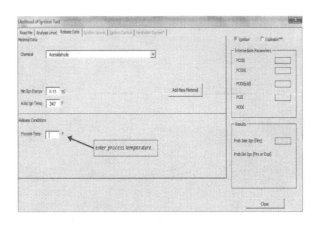

典型的1级"物质数据"屏幕

一旦输入温度，结果将出现：

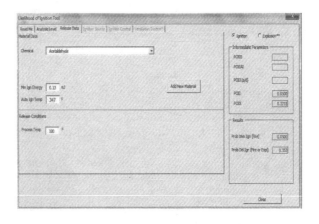

输入工艺温度后的第1级"材料数据"屏幕

立即点火概率(POII)和延迟点火概率给出的不发生立即点火的概率(PODI)，在"中间参数"输出框中给出。"结果"框显示的结果是经过修改的，以反映一个事实，即延迟点火只有在立即点火没有发生时才会发生。其他输出字段不可见，因为它们属于更高级别的分析。

5.5 第2级分析

第2级分析类似于第1级，但是需要更多的输入信息。输入屏幕与第1级类似，但在某些情况下，输入字段会弹出显示要求更多的信息。以下是第2级输入屏幕的示例：

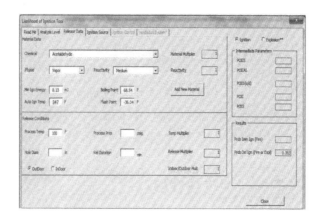

典型的第2级"泄漏数据"屏幕

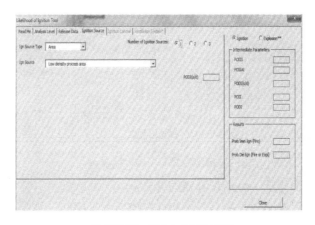

典型的第2级"点火源"屏幕

注意，根据选择的点火源的类型或数量，屏幕内容可能会扩展如下：

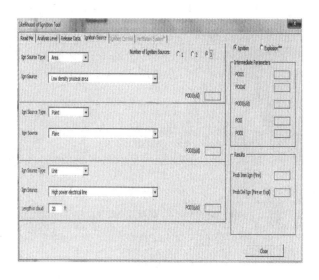

扩展的第 2 级"点火源"屏幕

下面是典型的第 2 级输出屏幕的示例（在本例中，"泄漏数据"项是打开的；输出在其他选项卡上也可见）：

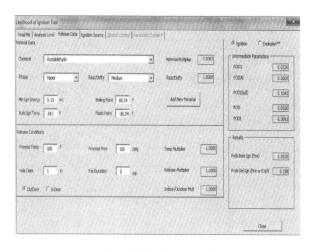

典型的第 2 级输出屏幕

第 2 级的输出与第 1 级的具有相同含义；唯一的区别是，在屏幕右侧的方框中，给出了第 2 级和第 3 级的额外中间计算值。关于中间计算的含义，请参阅本书的第 2 章。

5.6 第3级分析

第3级分析与第2级使用的方法相同，但使用了额外的输入项。选择第3级分析激活一个新的"点火控制"标签，在该标签中，用户输入他们所拥有的防止或控制点火的系统信息。第3级分析也有关于室内点火事件的更详细分析。

点击"泄漏数据"标签上的"室内"按钮，就会激活"通风系统"标签，可以在这个标签中进行细化。选择此项时，这个标签显示了一个免责声明，指出其相对投机的性质。

5.7 爆炸可能性

在第2级或第3级分析中，可以通过点击屏幕右上角的"爆炸"按钮来预测爆炸概率：

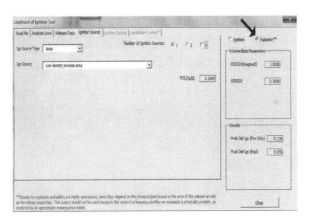

注意屏幕底部的免责声明。不要仅依赖于该工具中的算法来评估爆炸概率。

5.8 关于软件使用的演示

根据章节4的截屏举例说明。

5.8.1 储存场地的蒸气云爆炸危险性评估（第4.2.1节案例）

这是一个2级分析的案例；然而，1级的结果也会展示出来。除了以下输入条件，这里不重复案例的细节：

- 泄漏物料——液态丙烷；
- 泄漏条件——116lb/in²(psig) 及 68 °F；
- 泄漏规格——4in 孔径；
- 泄漏持续时间—4min；
- 点火源——活跃度为平均 0.5 辆，控制室相当于是"办公地点"，变电站被认为相当于 20ft 的高压电线。这些点火源需要进行单独评估，之后在与软件相结合。

5.8.1.1　第 1 级分析

展示的初始界面是针对 1 级的，如果需要，可以直接转到 2 级的分析输入界面。由于丙烷在化学品选择选择表里，*MIE* 和 *AIT* 会自动填充。用户需要输入工艺温度来确定是否与 *AIT* 相关。一旦输入温度，1 级的计算结果将会展示出来。中间计算会展示在窗口的右上角；最后的分析结果展示在窗口的右下角处显示。

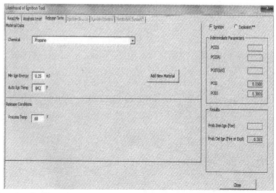

5.8.1.2　第 2 级分析

进入第 2 级分析时，会出现一些额外输入。当在化学品列表中选择丙烷时，很多是预填充的。若未选择室内选项，软件会默认为室外泄漏。

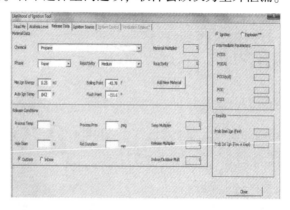

用户应该仔细检查每个输入值的输入选择，以确保数据是正确的。例如，软件默认的相态是气相，当分析的是液相时，需要修改。

现在可以输入必要的工艺条件。请注意，由于尚未输入一个火源，因此此时结果无效：

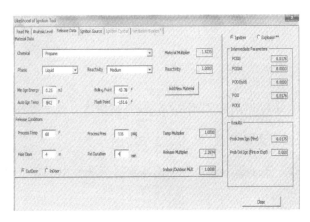

评估的第一个点火源是一辆汽车，它被认为是"点源"。输入时，用户需打开"点火源"选项并在界面上输入点火源中第一个类型(点源)和点源类型(机动车)。

现在第一个点火源的 2 级输入和结果已经完成。点击"点火源数量"选项中"2"或"3"按钮，可以同样添加第二个(或第三个)点火源：

结果展示如下：

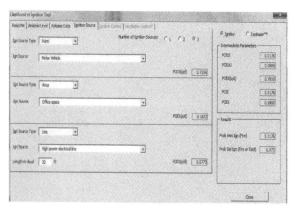

$$POII = 0.0176$$
$$PODI = 0.973$$

注意，由于屏幕右上方的"爆炸"按钮没有被激活，因此爆炸结果没有提供。

5.8.2　开放空间丙烷泄漏(第4.2.2节案例)

这个案例比较了第1级、第2级和第3级分析的输出。这里不重复示例的细节，除了下面的分析输入：

- 泄漏物料——液态丙烷；
- 泄漏条件——116lb/in^2 和 68℉；
- 泄漏量——3500lb(4in 孔径)；
- 泄漏持续时间——3min；
- 点火源——这是一个罐区，最佳特征是"偏远的户外储存区"。

第1级的屏幕视图很简单。由于丙烷在化学选择列表中，MIE 和 AIT 被自动填充。除非选择"室内"，否则软件假设在室外泄漏：

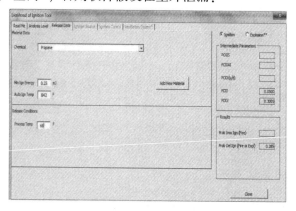

第1级结果通常会显示在界面右下角，过程温度已经被添加在释放条件表中了。

当在"泄漏条件"选项中添加了工艺温度，第1级的结果也会出现在右下角。

5.8.2.1 第2级分析

如当前示例所示，选择2级分析结果会扩展输入界面。这些界面输入项包含了很多本次分析当中用不到的条目。一些"例如反应性"是系统默认的。很明显，每个输入值详细地去修改是必要的。

如当前示例所示，选择2级分析结果会扩展输入界面。这些输入屏幕包含许多不适用于此特定分析的条目。其中一些(例如，"反应性")是系统默认的。显然，每个输入都需要仔细检查并根据需要进行更改。

例如，输入界面如下：

注意，这种火源类型是"面源"。当选择此源类型时，"Ign source"菜单更改为允许选择"远程室外存储区域"作为输入：

当选定特定点火源之后，第2级分析的结果显示在软件界面右侧。

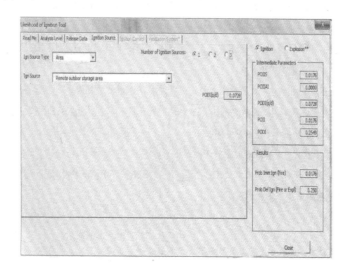

5.8.2.2 第 3 级分析

选择第 3 级分析结果，输入界面会最大程度扩展。请注意，在第 3 级分析时，用户可以输入修改后的温度值，其原因将在第 2.7.1 节和第 4.2.2.4 节中描述（在本例中，温度将更改为 44℉）。

此外，第 3 级允许额外的输入为点火源控制的程度，以及提供选择手动输入选项，在适当的地方任何特殊着火或爆炸控制措施的有效性。如图所示底部为第 3 级分析添加的输入：

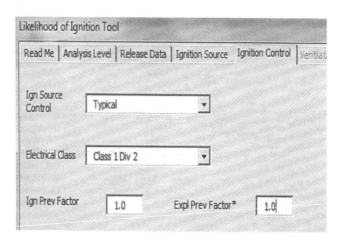

注意，应用默认值。如果没有出现特殊情况（如本案例），将自行计算。

在第 3 级，点击右上角"爆炸"按钮，也可以使用实验爆炸点火算法：

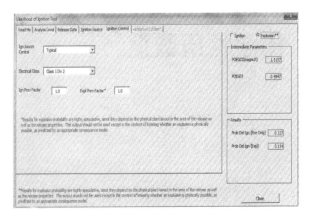

同上，点火概率结果显示在软件界面的右下角。

附录 A 化学性质数据

介绍

使用这本书中的方法需要各种化学性质的数据。这些录入软件中的数据并不都是所有级别分析当中所需要的，有些信息是为了普遍兴趣或未来发展而提供的。

这些数据的来源是不同的，并鼓励用户在获得更好的信息时替换这里提供的值。

数据表

来自表 A.1 的数据描述了本书所涉及的条件，即释放到正常大气压中，大部分条目都是不需要加以说明的，但是其中一些特殊的缩略语和术语描述如下：

CAS——化学文摘社参考编号；

LFL——燃烧下限；

燃烧速率等级——爆炸性物质爆炸倾向的量度，如由其燃烧速度所确定；

NFPA F——美国国家防火协会制定的化学品的可燃性等级。

值得注意的是，由于不同的实验者所用的测试方法或测试手段（如开杯和闭杯的闪点）不同，MIE、AIT 和闪点的报告值有时存在显著差异。尽管软件试图最小化这些不一致性，但它们总是存在的，当得到更好的数据信息时，表 A.1 中的所提供的数值和软件中所用数值是可以随时间变化的。

这里提供的数据集只是一个抽样；软件还内置了大约 200 种化学品的特性。然而，并不是所有的化学物质都具有所有的特性；在某些情况下，用户可能需要从其他来源或通过实验来获取缺少的数据。

表 A.1 常见化学品点火及其他特性

物质	CAS 编号	摩尔质量	沸点/℃	闪点/℃	自燃温度/℃	最小点火能/mJ	火焰传播速度等级	火焰传播速度/(cm/s)	易燃	LFL/%（体积）	NFPA
乙醛	75-07-0	44.05	20.3	-37.8	175	0.13	中		中	4	
丙酮	67-64-1	58.1	56.1	-17.8	465	0.19	中	54	中	2.6	3
丙烯醛	107-02-8	56.1	52.5	-26	235	0.13	中	66	中	2.8	3
丙烯腈	107-13-1	53.1	77.2	-5	481	0.16	中	50	中	3	3
烯丙基氯	107-05-1	75.53	45	-32	485	0.77	中		中	2.9	3
氨	7664-41-1	17.03	-33.4	-65	650	680	低		低	15	1
苯	71-43-2	78.1	80.1	-11	498	0.2	中	48	中	1.2	3
丁二烯(1,3)	106-99-0	54.1	-4.4	-76.2	420	0.13	中	68	中	2	4
丁烷	106-97-8	58.1	-0.6	-72	370	0.25	中	45	中	1.6	4
二硫化碳	75-15-0	76.14	46.2	-30	90	0.009	高	58	高	1.3	4
二异丁烯	107-39-1	112.21	101.4	-5	391	0.23	中		中	0.8	3
乙烷	74-84-0	30.07	-88.7	-130.2	472	0.23	中	47	中	3	4
乙醇	64-17-5	46.07	78	13	365	0.23	中		中	3.3	3
乙酸乙酯	141-78-6	88.11	77.1	-4	426	0.23	中	38	中	2	3

续表

物质	CAS 编号	摩尔质量	沸点/℃	闪点/℃	自燃温度/℃	最小点火能/mJ	火焰传播速度等级	火焰传播速度/(cm/s)	易燃	LFL/%（体积）	NFPA
丙烯酸乙酯	140-88-5	100.1	99.7	10	372	0.18	中		中	1.4	3
乙烯	74-85-1	28.5	-103.8	-140	450	0.084	高	80	高	2.7	4
环氧乙烷	75-21-8	44.5	10.5	-50	429	0.065	高	108	高	3	4
庚烷	142-82-5	100.2	98.4	-4	213	0.24	中	46	中	1.1	3
氢气	1333-74-0	2.02	-252.8	-259	400	0.016	高	312	高	4	4
硫化氢	7783/6/4	34.08	-60.3		260	0.068	中		中	4	4
甲烷	74-82-8	16.4	-161.5	-187.2	537	0.21	低	40	低	5	4
甲醇	67-56-1	32.04	64.5	11	385	0.14	中	56	中	6.7	3
内烯酸甲酯	96-33-3	86.09	80.7	-3	468	0.18	中		中	2.8	3
甲基乙基酮	78-93-3	72.11	79.6	-9	404	0.21	中		中	1.4	3
二氯甲烷	75-09-2	84.93	40		556	>1000	中		中	14.5	1
丙烷	74-98-6	44.1	-42.1	-102	450	0.25	中	46	中	2.1	4
丙醛	123-38-6	58.8	47.9	-30	207	0.18	中	58	中	2.9	3
丙烯	115-07-1	42.1	-47.7	-108.2	455	0.18	中	52	中	2	4

物质	CAS 编号	摩尔质量	沸点/℃	闪点/℃	自燃温度/℃	最小点火能/mJ	火焰传播速度等级	火焰传播速度/(cm/s)	易燃	LFL/%（体积）	NFPA
氧化丙烯	75-56-9	58.08	34.2	−37	449	0.13	高	82	高	2.3	4
苯乙烯	100-42-5	104.15	145.2	31	470	0.18	中		中	0.88	3
四氢呋喃	109-99-9	72.1	66	−14	321	0.19	中		中	2	3
甲苯	108-88-3	92.14	110.6	4	480	0.24	中	41	中	1.1	3
三乙胺	121-44-8	101.19	88.4	−7	249	0.22	中		中	1.2	3
三甲胺	75-50-3	59.1	2.8	−71	190	<0.3	中		中	2	4
乙酸乙烯酯	108-05-4	86.1	72.8	−8	402	0.16	中		中	2.6	3
间二甲苯	108-38-3	106.17	139.1	29	465	0.2	中		中	1.1	3

未提供最小点火能数据时的替代方法

化学品的 MIE 值可从多种来源获得，包括 NFPA 77。还可以利用 Britton（2002）的方法，对不同种类的有机化合物进行 MIE 估算。

附录 B　其他可供参考的模型

介绍

本书未收录的一些模型也是可用的。这些模型不包括在"主要"的点火概率模型当中，因为技术条件的制约或是在实际工况下只进行了极其有限的测试。

使用者可以选择这些模型来得到想要的结果，但是必须要经过缜密的测试去识别出这些模型的局限性。

爆炸概率

分析人员在使用该工具时需作出如下假设：

- 能够使用后果建模工具，根据当前的拥堵/限制/布局来确定爆炸的可能性。
- 假设爆炸总是可能发生的(如果存在任何程度的拥塞/限制)或永远不可能发生(泄漏在开放区域)。

需要注意的是，即使存在爆炸蒸气云及必要的阻塞和限制，爆炸也不一定会发生(例如，点火源的位置，过高的可燃浓度导致无法完全燃烧等)。

在爆炸概率预测中可以考虑的第三个因素是与爆炸减缓设备的有效性和可用性有关，如通风板、雨淋等。这种系统的设计是高度依赖的，超出了这本书的范围。因此，虽然在这本书的算法中为用户提供了一个选择，可以计算该系统能够防止爆炸的概率，但这个概率需要根据实际情况进行额外的计算。

值得注意的是，Cox 等人(1990)开发了一种爆炸概率预测，它与上述任何因素都没有直接关系。这种相关性是基于泄漏速率，并表明，在延迟点火

(POEGDI)条件下，泄漏速率小于 1kg/s，爆炸概率为 0.025，泄漏速率大于 50kg/s，爆炸概率为 0.25。这种方法已被其他人采用，类似于 RONZA 等人(2007)开发的关系，后者与泄漏总量而不是与泄漏速率相关。泄漏量/速率与 POEGDI 之间的这种关系可能反映了以下两个因素：

- 如先前的预测，在开放的环境中，发生爆炸需要一个最小的泄漏质量；
- 大的泄漏更有可能到达产生爆炸火焰前缘速度所需的阻塞和限制程度。

还有一些人对 POEGDI 提出的数值进行了定性，范围从 0.1~0.6，其变化取决于泄漏方向和天气(Crossthwaite 等，1998)或化学物质泄漏(API，2000)。

第1级爆炸概率算法，考虑延迟点火

对于 POEEGDI 来说重要的输入值对 1 级用户(如 PHA 团队)来说并不容易获得，因此，建议使用固定值为 0.3，这个数值的基础有些模糊，因为对数据有贡献的发布事件的物理环境尚不清楚。然而，Cox 等人(1990)研究出了非常大规模释放的值为 0.25，而 API RBI (2000)对 $C_3 \sim C_8$ 范围内的碳氢化合物的值为0.2~0.3。

第2级爆炸概率算法，考虑延迟点火

POEGDI 所需的重要因素(除了阻塞/限制以外，其他因素超出了本书的研究范围)已作为第 2 级算法中一部分得到考虑，包括如下内容：

- 涉及化学品(来自选择清单；否则假定为"一般"化学品)；
- 泄漏位置(室内或室外)。

这些因素将在下面几节中加以说明。

化学品修正

第 1 级估算值 0.3 是第 2 级 POEGDI 修正的基准线。根据基本燃烧速度(FBV)，使用化学品修正如下：

$M_{CHEM} = 0.5$ 基本燃烧速度小于 45cm/s"低反应活性"；

$M_{CHEM} = 1.0$ 基本燃烧速度介于 45cm/s 和 75cm/s"中等反应活性"；

$M_{CHEM} = 2.0$ 基本燃烧速度高于 75cm/s"高反应活性"。

软件中默认值设置为 1，因为大多数物料属于中等反应活性范围。

泄漏量级的修正

泄漏量级的修正本质上与第 2.8.2.3 节中描述的第 2 级 PODI 修正相似，但是，一些文献资料表明，泄漏量级对 POEGDI 因子的影响低于 PODI 因子的影响。由此，得出 POEGDI 与 PODI 因子的关联公式如下：

$$POEGDI\ M_{MAGE} = (PODI\ M_{MAG})^{0.5} \qquad (B-1)$$

为了便于计算，可以不考虑本书第 2.8.2.3 节所规定的对于 M_{MAG} 的限制。

泄漏位置

室内泄漏不仅会抑制扩散，而且如果被点燃，由于受到限制，会有更大的爆炸倾向。因此，室内泄漏因数是 1.5 倍（MIN/OUT = 1）。如果泄漏在罐区及偏远地区的室外，则 $M_{IN/OUT} = 0.5$。

延迟点火爆炸概率的第 2 级组合算法

将上述对 POEGDI 贡献的每个因素结合起来，会得出以下关系：

$$POEGDI_{Level\ 2} = 0.3 \times M_{CHEM} \times M_{MAGE} \times M_{IN/OUT} \quad\quad (B\text{-}2)$$

当然，这个方程的最大值是 1。

第 3 级爆炸概率算法，考虑延迟点火

大多数情况下，POEGDI 的 2 级方法也适用于 3 级。并且，第 3 级算法还将考虑减缓措施的影响，如防爆挡板、爆炸抑制系统，以及其他类似系统，应用这些减缓措施的前提是对它们的有效性和可用性进行额外的计算。这超出了本书对这类系统的有效性和可用性组合的量化范围。因此，使用者必须自行定义失效概率并赋值。

用于 POEGDI 的 3 级组合算法如下：

$$POEGDI_{Level\ 3} = 0.3 \times M_{CHEM} \times M_{MAGE} \times M_{IN/OUT} \times FEP \quad\quad (B\text{-}3)$$

通风对于室内泄漏点火概率的影响

介绍

专家认为室内释放物的通风会对点火概率产生影响。实际来说，化工厂内大部分建筑物都会设置可燃气体检测，当可燃浓度达到设定值后会增加通风量。因此，量化这些措施的好处是有意义的，以便得到合适的安全预算投入来实现更好的可靠性。

现有模型

目前只有 Moosemiller（2010）量化了通风量对点火概率的影响。这其中的原因比较复杂，但可以用"内部概率乘数" M_V（相对于室外泄漏）总结如下：

$$M_V = 1.5 \times B_{es} \times B_{vr} \times B_{vdd} \quad\quad (B\text{-}4)$$

个别条款定义如下：

$$1.5 = 一般室内倍数$$

表 B.1　估算有效通风率（EVR）

检测到不同浓度可燃气体，通风增强量		相邻探测器之间的平均水平距离		
		0~25ft	25~75ft	>75ft，或一个房间内探测器数量<2
	1%LFL	5×IVR	3×IVR	IVR
	10%LFL	3×IVR	IVR	（IVR+NVR）/2
	25%LFL	IVR	（IVR+NVR）/2	（IVR+NVR）1/2
	100%LFL	（IVR+NVR）/2	（IVR+NVR）1/2	NVR

注：1. IVR——通风增强率（Increased Ventilation Rate）；NVR——正常通风率（Normal Ventilation Rate）；
LFL——燃烧下限（Lower Flammability Limit）。

2. 对于相对分子质量为 20 或更大的易燃材料，在此计算中仅包括位于房间/建筑物 15ft 外的门框中的那些探测器。如果相对分子质量小于 20，则包括建筑物中的所有检测器。如果没有 15ft 高的探测器用于低分子量材料，请从表中获取有效通风率结果并除以 2。

封闭空间体积系数 $B_{es} = (V/150000)^{-1/3}$，其中 V 是房间的体积，ft^3。B_{es} 的最大值和最小值分别为 3 和 0.5。

通风率因子 $B_{vr} = (EVR/2)^{-1/2}$，其中 EVR（有效通风率）以每小时换气次数表示，与初始通风率、可燃气体探测后可能启动的任何加速率、气体探测器位置有关。

表 B.1 中的 IVR 和 NVR 也用每小时换气的单位表示。B_{vr} 的最大值和最小值分别设置为 3 和 0.3。

若通风设计令可燃气体远离点火源，通风方向因子为 $B_{vdd} = 0.5$，$B_{vdd} = 1$。

若通风设计导致可燃气体从点火源方向通过：$B_{vdd} = 1$；

若通风设计为使得可燃气体可能从可能点火源吸入：$B_{vdd} = 2$。

上述表格所呈现的是发布版表格。对模型进行改进的目的是确保除 B_{vdd} 以外因子的可置信度，不会优于室外系数（1）。因此，建议品 $1.5×B_{es}×B_{vr}$ 的最小值为 1。

在这种情况下，B_{vdd} 仍然可以用作一个因素，前提是空气流动将可燃物从火源处引开仍然是有益的，并且原则上可以提供比室外更好的性能。

半封闭建筑物模型的说明

很多放置工艺设备的建筑物并不是完全封闭的。通常，它们有屋顶，可能有零到三面墙体。原则上，这些空间区域介于室内和室外之间，但由于可能会产生不寻常的气流模式，这些区域的气体流动方式可能难以预测。与其扩展上述模型以解释这些额外的复杂性，不如采用以下方法：

- 有屋顶无墙体建筑——使用室内/室外倍数 = 1.1；
- 有屋顶及——面墙体建筑——使用室内/室外倍数 = 1.2；
- 有屋顶及两面墙体建筑——使用室内/室外倍数 = 1.3；
- 有屋顶及三面墙体建筑——使用室内/室外倍数 = 1.4。

参 考 文 献

API (American Petroleum Institute), "Risk-Based Inspection Base Resource Document," API Publication 581, 1st Ed., May 2000.

API (American Petroleum Institute), "Recommended Practice for Classification of Locations for Electrical Installation at Petroleum Facilities Classified as Class I, Division 1 and Division 2," API Recommended Practice 500, 2002.

API (American Petroleum Institute), "Ignition Risk of Hydrocarbon Liquids and Vapors by Hot Surfaces in the Open Air," API Recommended Practice 2216, 3rd Ed.," December 2003.

API (American Petroleum Institute), "Spark Ignition Properties of Hand Tools," API Recommended Practice 2214, 4th Ed., July 2004.

API (American Petroleum Institute), "Risk Based Inspection Technology," API Recommended Practice 581, 2008.

API (American Petroleum Institute), "Management of Hazards Associated with Location of Process Plant Permanent Buildings," API Recommended Practice 752, 3rd Ed., December 2009.

ASTM International, ASTM Computer Program for Chemical Thermodynamic and Energy Release Evaluation CHETAH Version 9.0 - DS51F, 2011.

Babrauskas, V., "Ignition Handbook," Fire Science Publishers/SFPE, 2003.

Bragin, M.V. and V.V. Molkov, International Journal of Hydrogen Energy, Volume 36, Issue 3, pages 2589–2596, February 2011.

British Standards (BS), "Explosive Atmospheres—Classification of Areas," BS EN 60079, Part 10-1 (2009).

Britton, L.G., D.A. Taylor, and D.C. Wobser, "Thermal Stability of Ethylene at Elevated Pressures," Plant/Operations Progress, 5: 238–251, 1986.

Britton, L.G., "Combustion Hazards of Silane and Its Chlorides," Plant/Operations Progress, Vol. 9, No. 1, January 1990(a).

Britton, L.G., "Thermal Stability and Deflagration of Ethylene Oxide," Plant/Operations Progress, Vol. 9, No. 2, April 1990(b).

Britton, L.G., "Avoiding Static Ignition Hazards in Chemical Operations," Center for Chemical Process Safety, American Institute of Chemical Engineers, 1999.

Britton, L.G., "Using Heats of Oxidation to Evaluate Flammability Hazards," Process Safety Progress, Vol. 21, No. 1, March 2002.

Britton, L.G. and J.A. Smith, "Static Hazards of the VAST," Journal of Loss Prevention in the Process Industries. 25 (2012), 309-328.

Catoire, L. and V. Naudet, "A Unique Equation to Estimate Flash Points of Selected Pure Liquids—Application to the Correction of Probably Erroneous

Flash Point Values," Journal of Physical and Chemical Reference Data, Vol. 33, No. 4, 2004.

Cawley, J., "Probability of Spark Ignition in Intrinsically Safe Circuits," Bureau of Mines Report of Investigations RI 9183, 1988.

CCPS, "Guidelines for Engineering Design for Process Safety," Center for Chemical Process Safety/American Institute of Chemical Engineers, New York, 1993.

CCPS, "Guidelines for Post-release Mitigation Technology in the Chemical Process Industry," Center for Chemical Process Safety/American Institute of Chemical Engineers, New York, 1997.

CCPS, "Guidelines for Chemical Process Quantitative Risk Analysis," 2nd Ed., Center for Chemical Process Safety/American Institute of Chemical Engineers, New York, 1999.

CCPS, "Guidelines for Vapor Cloud Explosion, Pressure Vessel Burst, BLEVE and Flash Fire Hazards," 2nd Ed., Center for Chemical Process Safety/American Institute of Chemical Engineers, New York, 2010.

CCPS, "Guidelines for Engineering Design for Process Safety," 2nd Ed., Center for Chemical Process Safety/Amcrican Institute of Chemical Engineers, New York, 2012(a).

CCPS, "Guidelines for Evaluating Process Plant Buildings for External Explosions, Fires, and Toxic Releases," 2nd Ed., Center for Chemical Process Safety/American Institute of Chemical Engineers, New York, 2012(b).

CCPS, "Guidelines for Enabling Conditions and Conditional Modifiers for Layer of Protection Analysis," Center for Chemical Process Safety/American Institute of Chemical Engineers, New York, 2013.

Cox, A.W., Lees, F.P. and M.L. Ang, "Classification of Hazardous Locations," IChemE, 1990.

Crossthwaite, P.J., Fitzpatrick, R.D. and N.W. Hurst, "Risk Assessment for the Siting of Developments Near Liquefied Petroleum Gas Installations," IChemE Symposium Series No. 110, 1988.

Crowl, D.A., "Understanding Explosions," Center for Chemical Process Safety/American Institute of Chemical Engineers, New York, 2003.

Daycock, J.H., and P.J. Rew, "Development of a Method for the Determination Of On-Site Ignition Probabilities," Health & Safety Executive Research Report 226, 2004.

Dryer, F., Chaos, M., Zhao, Z., Stein, J., Alpert, J. and C. Homer, "Spontaneous Ignition of Pressurized Releases of Hydrogen and Natural Gas into Air," Combustion Science and Technology, Vol. 179, pages 663–694, 2007.

Duarte, D., Rohalgi, J. and R. Judice, "The Influence of the Geometry of the Hot Surfaces on the Autoignition of Vapor/Air Mixtures: Some Experimental and Theoretical Results," Process Safety Progress, Vol. 17, Spring 1998.

E&P Forum, "Risk Assessment Data Directory," Report No. 11.8/250, International Association of Oil & Gas Producers, October, 1996.

Foster, K.J. and J.D. Andrews, "Techniques for Modeling the Frequency of Explosions on Offshore Platforms," Proceedings of the Institution of Mechanical Engineers., Vol. 213, Part E, pages 111–119, IMechE, 1999.

Fthenakis, V., Ed., "Prevention and Control of Accidental Releases of Hazardous Gases," Van Nostrand Reinhold, New York, 1993.

Garland, R.W., "Quantitative Risk Assessment Case Study for Organic Acid Processes," Process Safety Progress, Vol. 29, No. 3, September 2010.

Glor, M., "Electrostatic Ignition Hazards Associated with Flammable Substances in the Form of Gases, Vapors, Mists and Dusts," Institute of Physics Conference Series. No. 163, March 1999.

Gummer, J. and S. Hawksworth, "Spontaneous Ignition of Hydrogen," HSE Books, Research Report RR615, 2008.

Hamer, P.S., Wood, B.M., Doughty, R.L., Gravell, R.L., Hasty, R.C., Wallace, S.E. and J.P. Tsao, "Flammable Vapor Ignition Initiated by Hot Rotor Surfaces Within an Induction Motor: Reality or Not?" IEEE Transactions on Industry Applications, Vol. 35, No. 1, January/February 1999.

HMSO/UK Health & Safety Executive, "Canvey—A Second Report. A Review of Potential Hazards from Operations in the Canvey Island/Thurrock Area Three Years after Publication of the Canvey Report," 1981.

Hooker, P., Royle, M., Gummer, J., Willoughby, D. and J. Udensi, Hazards XXII, Symposium Series No. 156, pages 432–439, 2011.

HSE (Health and Safety Executive) website, http://www.buncefieldinvestigation.gov.uk/reports/index.htm, 2012.

IEC 60079-32-1/TS/Ed1, "Explosive Atmospheres—Part 32-1: Electrostatic Hazards, Guidance," http://www.tk403.ru/pdf/pdf_inter/31_1033e_DTS.pdf, accessed January 2013.

ISO, "Fire Safety—Vocabulary (ISO 13943)," International Organization for Standardization, Geneva, 2008.

Jallais, S., "Hydrogen Ignition Probabilities," internal presentation, August, 2010.

Johnson, R.W., "Ignition of Flammable Vapors by Human Electrostatic Discharges," AIChE 14th Loss Prevention Symposium, June 8–12 1980, Philadelphia, PA.

Klinkenberg, A. and van der Minne, J., Eds., "Electrostatics in the Petroleum Industry—The Prevention of Explosion Hazards," Elsevier Publishing Co., 1958.

Kuchta, J.M., "Investigation of Fire and Explosion Accidents in the Chemical, Mining, and Fuel-Related Industries," Bulletin No. 680, U.S. Bureau of Mines, 1985.

Lee, K-P., Wang, S-H. and S-C. Wong, "Spark Ignition Characteristics of Monodisperse Multicomponent Fuel Sprays," Combustion Science and Technology, Vol. 113-4, 1996.

Liao, C., Terao, K. and Y. Utaka, "Ignition Probability in a Fuel Spray," Japanese Journal of Applied Physics, Vol. 31, No. 7, July 1992.

Mannan, S, Ed., "Lees' Loss Prevention in the Process Industries," 3rd Ed., Butterworth-Heinemann, 2005.

Molkov, V., "Hydrogen Safety Research: State-of-the-Art," Proceedings of the 5th International Seminar on Fire and Explosion Hazards, Edinburgh, UK, April 23–27, 2007.

Moosemiller, M.D., "Development of Algorithms for Predicting Ignition Probabilities and Explosion Frequencies," Process Safety Progress, Vol. 29, No. 2, June 2010.

Murphy, J., "Remote Isolation of Process Equipment," http://www.aiche.org/uploadedFiles/CCPS/Resources/KnowledgeBase/Final%20Remote%20Isolati on%20Aug09.pdf.

NFPA, "NFPA 1—Fire Code," National Fire Protection Association, Quincy, MA, 2012.

NFPA, "NFPA 68: Standard on Explosion Protection by Deflagration Venting," Quincy, MA, 2013.

NFPA, "NFPA 77: Recommended Practice on Static Electricity, 2014 Edition," Quincy, MA, 2013.

OSHS, "Guidelines for the Control of Static Electricity in Industry," Occupational Safety and Health Service, Department of Labour, Wellington, New Zealand, 1982 (rev. 1990, internet version 1999).

Pesce, M., Paci, P., Garrone, S., Pastorino, R. and B. Fabiano, "Modeling Ignition Probabilities within the Framework of Quantitative Risk Assessments," Chemical Engineering Transactions, Vol. 26, 2012.

Pratt, T.H., "Electrostatic Ignitions of Fires and Explosions," Center for Chemical Process Safety, American Institute of Chemical Engineers, 2000.

RIVM (National Institute of Public Health and the Environment), "Reference Manual Bevi Risk Assessments," Version 3.2, Bilthoven, Netherlands, 2009.

Ronza, A., Vílchez, J. and J. Casal, "Using Transportation Accident Databases to Investigate Ignition and Explosion Probabilities of Flammable Spills," Journal of Hazardous Materials, Vol. 146, pages 106–123, 2007.

Rowley, J.R., Rowley, R.L. and W.V. Wilding, "Estimation of the Flash Point of Pure Organic Chemicals from Structural Contributions," Process Safety Progress, Vol. 29, No. 4, December 2010.

SFPE (Society of Fire Protection Engineers), "Handbook of Fire Protection Engineering," 4th Ed., Society of Fire Protection Engineers/National Fire Protection Association, 1998.

SFPE (Society of Fire Protection Engineers), "SFPE Handbook of Fire Protection Engineering," 4th Ed., National Fire Protection Association, 2008.

Smith, D., "Study Indicates Risk to LDC Assets Posed by Static Electricity," Pipeline Gas Journal, Vol. 238, No. 4, April 2011.

Spencer, H. and P.J. Rew, "Ignition Probability of Flammable Gases," Health & Safety Executive Contract Research Report 146, 1997.

Spencer, H., Daycock, J. and P.J. Rew, "A Model for the Ignition Probability of Flammable Gases, Phase 2," Health & Safety Executive Contract Research Report 203, 1998.

Spouge, J., "A Guide to Quantitative Risk Assessment for Offshore Operations," CMPT Publication 99/100, 1999.

Srekl, J. and J. Golob, "New Approach to Calculate the Probability of Ignition," presented at 8thWorld Congress of Chemical Engineering, Montreal, Quebec, Canada, August 23–27, 2009,

Swain, M.R., Filoso, P.A. and M.N. Swain, "An Experimental Investigation into the Ignition of Leaking Hydrogen," International Journal of Hydrogen Energy, Vol. 32, No. 2, pages 287–295, 2007.

Thomas, J.K., Kolbe, M., Goodrich, M.L. and E. Salzano, "Elevated Internal Pressures in Vented Deflagration Tests," 40th Annual Loss Prevention Symposium, Orlando, FL, April 24–27, 2006.

Thyer, A.M., "Offshore Ignition Probability Arguments," Report Number HSL/2005/50, Health and Safety Laboratory, U.K., 2005.

TNO Purple Book, prepared for the Committee for the Prevention of Disasters, "Guidelines for Quantitative Risk Assessment, CPR18E. SDU," The Hague, 2005.

Tromans, P.S. and R.M. Furzeland, "An Analysis of Lewis Number and Flow Effects on the Ignition of Premixed Gases," 21st Symposium (International) on Combustion/The Combustion Institute, pages 1891–1897, 1986.

UKEI, "Ignition Probability Review, Model Development and Look-Up Correlations," Energy Institute, London, 2006.

Wehe, S.D. and N. Ashgriz, "Ignition Probability and Absolute Minimum Ignition Energy in Fuel Sprays," Combustion Science and Technology, Vol. 86, No. 1, 1992.

Witcofski, R.D., "Dispersion of Flammable Clouds Resulting from Large Spills of Liquid Hydrogen," National Aeronautics and Space Administration Report No. NASA TM-83131, May 1981.

WOAD (World Offshore Accident Data), Det Norske Veritas, 1994.

Wolanski, P. and S. Wojcicki, "Investigation into the Mechanism of the Diffusion Ignition of a Combustible Gas Flowing into an Oxidizing Atmosphere," Proceedings of the Combustion Institute, Vol.14, pp. 1217-1223, 1972.

Zabetakis, M.G., "Flammability Characteristics of Combustible Gases and Vapors," U.S. Bureau of Mines Bulletin 627, 1965.

Zalosh, R., Short, T., Marlin, P. and D. Coughlin, "Comparative Analysis of Hydrogen Fire and Explosion Incidents," Progress Report No. 3, for Division of Operational and Environmental Safety, U.S. Department of Energy, Contract No. EE-77-C-02-4442, July 1978.

索 引